知识论译丛

主编 陈嘉明 曹剑波

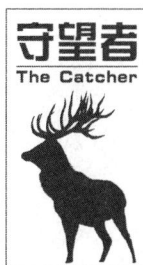

守望者
The Catcher

认识的价值
与我们所在意的东西
On Epistemology

[美] 琳达·扎格泽博斯基（Linda Zagzebski） 著

方环非 译

中国人民大学出版社
· 北京 ·

"知识论译丛"编委会名单

主编　陈嘉明 曹剑波

编委（按姓氏拼音排序）

总　序

　　知识论是哲学的一个重要分支，它与本体论、逻辑学、伦理学一起，构成哲学的四大主干。这四个分支都是古老的学科。自先秦时期以来，中国哲学发展的是一种"知其如何"（knowledge how）的知识论（我名之为"力行的知识论"），它不同于西方的"知其如是"（knowledge that）的知识论，前者重在求善，后者旨在求真。不过相比起来，中国传统哲学在知识论这一领域缺乏系统的研究，是比较滞后的，这是整个传统哲学取向以及文化背景影响的结果。现代以来，金岳霖等先贤们在这一领域精心思辨，为它的学术发展掀开了新的一页。

　　近二十年来，我一直致力于推动知识论的发展，通过培养博士生的途径，逐渐形成厦门大学与上海交通大学的团队，在这方面做出了一些努力。按照自己的构想，我们在出版方面要做如下四件事情：一是推出研究系列的专著，二是出版一套名著译丛，三是编选几本知识论文集，四是编写一部好的教材。第一件事情在2011年即已启动，在上海人民出版社推出了"知识论与方法论丛书"，迄今出版了11部专著。第二与第三件事情，在曹剑波的积极组织与译者们的努力下，也已有了初步成效。首批"知识论译丛"的5本译著已提交中国人民大学出版社，即将面世。第二批"知识论译丛"已经开始准备。主编这套译丛，是为了方便读者了解与研读国外学者的知识论研究成果，从而推进该领域之研究的发展。第三件事情，由于编选涉及诸多作者，版权的办理比较麻烦等原因，所以受到影响。不过现在也已译出了两部国外的知识论文集，正在联系出版中。文集读本的一个好处是，能够将知识论史上经典论著的精华集于一册，使读者一卷在手，即能概览知识论的主要思想，这对于学生尤其有益。至于编写教材的工作，我虽然几年前已经有了个初稿，但由于觉得尚不尽如人意，所以一时还搁置着。值得欣慰的是，郑伟平已经完成初稿，并进行了多轮教学工作。我们希望以上这些工作能够持续进行，也希望有更多的同行参与，为繁荣中国知识论的学术事业而共同努力。

陈嘉明

2018 年 4 月于上海樱园

中文版序言

　　我非常高兴地看到方环非教授将《认识的价值与我们所在意的东西》（*On Epistemology*）一书译为中文，也很感激有这样的机会将我的知识理论与中国学生和学者分享。我始终认为，我们研究知识论的理由，在于知识是一个有价值的状态，是人类生活的至善之一。我相信，理智上的优秀品质是人类好生活的内在构成部分，而且如果没有阐释理智德性的话，我们就无法理解什么才是知识。这就将知识论与伦理学关联起来，更准确地说，是将知识论与德性伦理关联起来，后者是我最近研究的另一个领域。

　　在1996年《心智的德性》（*Virtues of the Mind*）一书中，我第一次论证了德性在知识论中的核心地位。在英美道德哲学中，德性知识论大约出现于德性伦理学重现学术界的30年之后。德性伦理学一直是西方哲学史中主流的伦理理论形态，并且它在儒家思想中的起源更早。不过在现代早期，它被那些聚焦于行为的道德理论所取代，在人类优秀品质这个意义上的德性观念已然消退。但是在20世纪的下半叶，一些重要的哲学家将道德德性研究重新带入人们的视野，在我的第一部知识论著作——《心智的德性》中，我论述了伦理学与知识论中理智德性的重要意义。

　　《认识的价值与我们所在意的东西》于2008年出版。那个时候，知识论中出现了认识价值研究的转向。我写的几篇论文都是关于这个话题的——我称之为"价值难题"，这一名称意味着，任何对知识的论述都有必要解释对于知识而言，究竟是什么使得其比单纯的真信念更有价值。在新世纪早期发表的一系列论文中，我首先在2000年的《从可靠主义到德性知识论》（*From Reliabilism to Virtue Epistemology*）一文中提出，可靠主义理论容易受到价值难题的责难，并在2003年的论文《寻求认识之善的源头》（The Search for the Source of Epistemic Good）中进一步做出批评。在 2003 年的另一篇文章《理智动机与真理之善》（Intellectual Motivation and the Good of Truth）中，我主张价值使得知识比真信念更好，这种价值最重要的源头就是真理动机（motive for truth）。而且在 2005 年《认识的价值与我们所在意对象的至上性》（Epistemic Value and the Primacy of What We Care About）一文中，我认为，真理价值就是我们所珍视（value）的所有其他东西的承诺。这篇论文的一部分内容构成本书第一章的基础。

本书第二章与第三章则将大部分 20 世纪美国知识论解释为对极端怀疑论的不同回应。我按照三个阶段来描述怀疑论的攻击与回应。其一是有关理由的无限回溯（the infinite regress）这一古代难题的重现，以及来自基础主义（foundationalism）与融贯主义（coherentism）的回应。其二是笛卡尔版本的怀疑论攻击，以及来自可靠主义（reliabilism）与语境主义（contextualism）的回应。其三是绝对实在观（the absolute conception of reality），以及来自形而上学和语义学的回应。这些内容的最后结论则向我们指明理智德性的必要性，我相信它不仅仅是对怀疑主义的恰当回应，而且构成了诸如认识的自我信任等其他理智德性的基础和条件。第四章则将理智德性解释为信任自己与信任他人的规约（regulation）形式。第五章论述了我的知识观，以及它是如何避开经典的"盖梯尔"（Gettier）难题和价值难题的。在第六章中，我对好生活中认识之善的地位进一步得出结论，同时也希望有更多研究来关注被忽略的理解的价值问题。因此本书以简洁的方式所呈现的是最近几十年来美国知识论的导论，同时，对于那种聚焦于人类之善与人类之德的知识论，本书则以同样方式阐释了突显这种知识论之重要意义的那类著作。

自出版《认识的价值与我们所在意的东西》一书以来，我的工作主要集中在知识论以及伦理学中。2012 年出版的《认识的权威：信念中的信任、权威与自主理论》（*Epistemic Authority：A Theory of Trust，Authority，and Autonomy in Belief*），进一步论证了基于权威而接受信念的合理性（rationality），无论是道德信念还是宗教信念均如此。这个论证开始于合理的认识的自我信任的必然性，主张融贯的认识的自我信任要求我们在认识上信任他人，然后提出其他一些人满足了根据政治学领域中拉兹（Joseph Raz）著名的权威原则所构想的权威的条件，继而我又表明自主是合理的自我统辖（self-governance），并且论证得出，相信权威由自我统辖衍推而来。自主蕴含着认识的权威。

另一个研究项目就是《范例主义道德理论》（*Exemplarist Moral Theory*），这是 2015 年吉福德讲座（Gifford Lectures）的主题，于 2017 年初出版。在这本书中，我表明如何通过直接指称善的范例（exemplars of goodness），来塑造（map）像"好人"、"好的动机"、"德性"以及"正当行为"这些主要道德概念，这样的范例是通过钦慕的情感（the emotion of admiration）遴选出来的。钦慕是该理论最核心的概念，并且我认为钦慕既让我们理解了道德领域，同时也让我们有了动机（motive）——通过模仿而追随值得钦慕的人。对范例的描述性与实证性研究充实了该理论的具体内涵，其方式可以对比以下情形，即在告诉我们普特南（Hilary Putnam）与克里普克（Saul Kripke）的直接指称理论中自然种类的本质时实证科学所扮演的角色。在我看来，我们钦慕诸如心智开明、理智勇气以及理智谦逊的方式，与我们钦慕像勇气、谦逊与慷慨这样的道德德性的方式相同。那些范例拥有包括理智上优秀品质在内的诸多值得钦慕的特征，这一理论为它们在同样的道德理论中确立了地位，就像是聚焦于道德应用和圣徒的道德理论那样。

我希望，本书中文版的出版将有益于中国学者深入研究认识价值，并期待着它促动中美哲学家之间更多思想交流。

琳达·扎格泽博斯基
于美国俄克拉何马州诺曼市

目　录

致　谢

xi　　　非常感谢我的研究助理 E. 杨（Eric Yang）与 T. 米勒（Timothy Miller），他们为本书做了卓越的工作。我要感谢 R. 埃卢加多（Ray Elugardo）对第三章所做的宝贵评论，罗伯茨（Robert Roberts）与沃德（Jay Wood）对第四章做出的评论，格里姆（Stephen Grimm）读了第六章初稿之后对理解所进行的非常有趣的讨论。格雷科（John Greco）针对第四章与第五章做出了详尽的、非常有益的评论，多尔蒂（Trent Dougherty）以及里格斯（Wayne Riggs）的知识论讨论课上的学生还给我发来了他们对那些章节的评论，帮助我在理智德性与知识方面改进很多。最后，我要感谢艾金（Scott Aikin），他阅读并评论了整部文稿，他的想法已经融合在这本书中了。

第一章　认识的价值与我们所在意的东西

第一节　引言

知识论（epistemology）是研究知识（knowing）和其他可取的（desirable）相信与尝试找到真理（truth）的方式的哲学。它是哲学的核心领域，因为它关系到哲学探究中两个最重要的方面：我们自身和世界。当然，尽管认识不是我们与世界联系的唯一途径，但它却是很关键的形式。柏拉图曾有个奇妙的想法——知识和爱情存在有趣的相似之处，因为知识和爱情是我们用以刻画我们自身的两种方式，首先是相对于反映永恒理型（Forms）的世界而言，其次是在有着运气和恰当原理（discipline）时对理型自身的世界而言。① 在知识论著作中，爱并不是经常被讨论的内容，但是它会帮助我们察觉到知识仅是我们与外部的联系形式之一。哲学家们有时担心，如果没有知识，我们将被迫陷于唯我论，这种观点意味着我们被锁闭于我们自身的心智之中。上述担忧是基于这样一种假设——在所有将我们与世界相连接的线索中，知识是最基础的，因此如果你断开知识这一线索，你就断开了你与世界的联系。根据这一图景，知识就是保持我们与世界相联系的生命线，并且让我们不至于飘荡在我们自身想象的世界中。当然，这可能并不为真，但却是个让人着迷的想法。

大部分知识论的核心问题都是关于知识：什么是知识？知识是可能的吗？我们如何获得知识？这三个问题相互缠结在一起，并没有哪个问题显得更加重要。例如，你可能认为我们在搞清楚知识是什么之前，不可能研

---

① 苏格拉底. 会饮篇：210a-212c.

究知识是如何可能这样的问题，但是有些哲学家已然被指责强加给知识很多非常严格的条件，并因此导致知识不可能实现这样的结论。然而，如果根据某个论述表明知识是不可实现的，你或许就会得出结论：这个说法是有问题的。

我们不妨对比伦理学中"什么才是好生活（a good life）"这样的话题。如果根据某个好生活理论，表明没有人拥有好生活，那么你可能会认为这样的观点存在问题。那是因为你会把有些人过着好生活视为显而易见的事。与此相似，许多哲学家把某些人拥有知识当作再明显不过的事；事实上，我们可能都会持这样的看法。如果是这样的话，对知识的任何论述都无法被接受，除非它能与"知识是可获得的"这一立场相容。但是请注意，如果你这么认为的话，相当于是在提出"什么是知识"的问题之前，你就把"知识是可能的吗"这个问题视为已然得以解决。当然，尽管你可能是错的，但你的立场依然值得一听。上述两个问题很难说哪个问题居于优先地位。

"我们如何获得知识"的问题又如何呢？这个问题同样应该留待我们回答"什么是知识"这一问题之后再来阐述。也只是在现代时期，哲学家们才会在阐释诸如人类究竟是什么，以及我们拥有什么能力这类形而上学问题之前，提出"什么是知识"这样的问题。我们知觉和认识世界的方式是人类本性的一部分。如果你效仿古代和中世纪的哲学家们，在研究知识论之前从形而上学开始，通常你会把知识当作来自人类本性研究之外的东西。当所有事物都顺其自然时（all goes as it should），我们称之为"知识"的东西应该是与世界认知交互的产物。根据这一进路，提出在"什么是知识"这个问题之前，研究世界是如何组织在一起，以及我们在这个世界中的地位如何才更有意义。因此，"我们如何获得知识"这一问题的答案先于"什么是知识"的问题的答案。这样的话，又出现相同的情形，即哪个问题先出现并不明显。这一点之所以重要，原因在于当你开*3* 始于这些问题而不是另一些问题时，知识论可能显得非常不同。

无论是现在还是过去，或许知识的核心特征，同时也是每个人事实上都接受的特征就是，它作为一种状态，将我们放置在与实在（reality）的认知接触之中（it is a state that puts us in cognitive contact with reality）。几乎所有人都同意知识是一个善的（good）状态。如果不是因为以下事实，即我们认为它研究我们所想要拥有的状态，知识论不太可能成为哲学的主要分支之一。在柏拉图的《普罗泰戈拉篇》（345B）中，苏格拉底提及并最终辩护这样一个观点——唯一真正的进展不顺乃在于知识被剥夺（the only real kind of faring ill is the loss of knowledge）。① 对于现代观念来说，这听上去可能过于戏剧性，但是即使如此，如果我们认为我们不能获得知识，大多数人都会感到沮丧。无论我们是否认为知识是我们与外在于我们的世界间的联系，至少一般来说我们会假定拥有它是件好事，而缺乏它则是件坏事。

鉴于这些假设，对知识的以下特征已经达成一些粗略的哲学共识：

（1）知识是有意识的主体和对象之间的关系，而其中的对象（但可能不是直接的对象）是实在的某一部分。

（2）这个关系是认知上的（cognitive），换言之，主体认为（think），而不仅仅是感觉或感受这个对象。更具体地说，

（3）知道包括了相信（knowing includes believing）。公元 5 世纪，圣奥古斯丁将相信定义成毫无异议地认为（thinking with assent）——一个在当今被广泛接受的定义。② 有些人在相互排斥的意义上使用"相信"和"知道"这两个词，但是只要相信仅仅是毫无异议地认为，就产生了一个共识——知道是相信的形式之一。

认为是有对象的状态（thinking is a state that has an object）。当我们毫无异议地持有什么看法时，这里就有为我们所同意的某个东西。因此当我们知道时，就有一个我们对之同意的思维对象（an object of thought）。我们通常会称这个对象为命题。因此，关于知识的哲学共识之另一个组成部分就是：

（4）知识的对象是命题。命题的本质是一个形而上学的问题，一般不在知识论中讨论。尽管这似乎令人费解，但是如果你注意到命题处于知 4

---

① 柏拉图. 普罗泰戈拉篇. Benjamin Jowett, 译. 1999：62. ——译者注

② A Treatise on the Predestination of Saints：bk. I. Ch. 5. Reprinted in Augustine and Collinge, 1992.

道关系的对象端（at the object end of the knowing relation），而知识论则主要集中在这个关系的主体端以及认识关系本身的话，就可以理解了。本书中我们不研究关于"什么是命题"这一问题上的争论，但将尽力在这个问题上保持中立。

哲学家们几乎一致认为命题具有句法形式。尽管它的结构如同语句的结构，但命题与语句却不一样。一个命题包含了语句，是从语句中所获得的信息。因此，不同的语句能够表达同样的命题，比如英语语句"It is raining"和法语语句"Il pleut"；而两个不同的英语语句也能够表达相同的命题，比如在星期二宣称"明天有考试"（The exam is tomorrow），以及在星期四宣称"昨天有考试"（The exam was yesterday）。更进一步说，单个语句如"明天有考试"能够表达星期二宣称时的一个命题，而在星期四宣称时表达另一个不同的命题。因此当你知道"明天有考试"时，你所知道的并非是个语句，而是这个语句所表达的东西，也即它的内容。

用语句来指称知识对象使得知识论学者讨论知识的潜在实例的工作更加简单。我们能够讨论简（Jane）是否知道雪是白的，吉姆（Jim）是否知道他的隔壁邻居是间谍，大家是否知道上帝存在或者关于进化论是否为真，等等。在每种情况下"知道"（know that）后面所跟着的表达就是一个语句形式（a sentential form），并且通过知道一种语言，我们有一组现成的潜在知识对象，并能够与我们语言的其他言说者讨论这些对象。然而，不是所有命题都能够成为知识的对象。知识仅限于真命题的领域，因此知识论学者所同意的知识的另一个特征就是：

（5）知识的对象是真命题。你不可能知道一个不为真的命题。的确，你或许坚决地相信一个假命题（a false proposition）。尽管你看似知道它，但你不知道它。所有的知道都是相信，但不是所有的相信都是知道。一些相信并不是知道，因为它针对错误的东西——假命题。我可能相信长在我的后花园中有深色叶子的小树是李树，并且我甚至绝对确定它是李树，但是如果它不是李树，我就不能知道它是李树。知识的对象被限定在什么为真，这一事实是我们必须谦逊地听命于世界的方式之一。几乎毫无例外，我们不能决定世界之所是的方式，并且如果我们想要知识的话，我们就无法决定我们的哪一个信念被算作知识。

甚至即使大多数哲学家赞同知识指向真命题，因为存在非命题知识的缘故，他们通常也会同意情况并不总是这样。一个人能够拥有他人的非命题知识、其自身的非命题知识以及某人自身的心理状态，以及在其环境中其他对象的非命题知识，其认识（know）这些对象是通过直接经验而不是来自其所知道的其他事物的证言或推论。然而，大部分知识论学者至少是因为以下两个理由而忽略非命题知识：其一是难以对它进行分析，几乎无法对它谈论些能够增进我们理解它的什么东西；其二，它太过不同于命题知识以至于要单独应对。本书中大多数时候我将按照惯例集中于命题知识，但谨记并非所有知识都是命题知识这一点无疑是有益的。

有关知识的这个共识，它的特征之一在本书中将起着重要作用，即：

（6）知识是一个善的状态（a good state）。至少从可取性（desirable）意义上说它是善的，而且它甚至比单纯的真信念更加可取。亚里士多德认为追求知识是人类本性的内在组成部分，他从宣布"求知是人类的天性"开始他的《形而上学》。普通人可能不会问自己"什么是知识？"，但是他们确实会努力找出回答他们问题的答案，他们同样会尽力搞清楚他们所接受的答案是否就是他们随后知道的东西。因此，知识就是善（knowledge is good），它好到足以值得付诸一些努力获得它，也值得努力弄明白如何获得它。

如果我们将这些相对无争议的知识特征放在一起，我们将得到如下结论：**知道就是通过一个好的方式相信一个真命题**（*To know is to believe a true proposition in a good way*）。第五章的很多篇幅将针对"什么使得知道之为善"这个问题，致力于给出不同的答案。这同样是个不那么明显处于"什么是知识"这一问题之后的问题。我认为，任何关于"什么是知识"这个问题的可接受答案必须相容于"什么使得知识之为善"问题的合理回答，然而回答后一个问题的难度出乎我们意料，因为不同认识价值在不同历史时期的哲学中占有其优势地位。两种最普遍的价值就是**理解**和 *6* **确定性**。它们每一个在知识论中都长期占据着优势地位。我怀疑，尝试从不同历史时期来讨论知识的话就会产生有意思的结果。在希腊化哲学（即亚里士多德之后的古希腊哲学）和笛卡尔之后的大部分近代哲学中，确定性比理解受到更多的关注。而在柏拉图和亚里士多德那里，在漫长的中世纪时期，甚至在一些如斯宾诺莎这样的主流近代哲学家那里，却正好相反。通常情况下，不管两个价值观之中哪一个处于优势地位，它都会与知识的概念相联系，因此柏拉图几乎就是将知识等同于理解，而笛卡尔则差不多是将知识等同于确定性。

历史学家则将这样的差异归于应对怀疑主义方式上的差异。我在前文中说过知识论的中心问题之一就是"知识是否可能"。有些哲学家的回答是否定的，而另一些哲学家则认为，即使他们自己并没有给出否定的回答，目前对那些给出否定回答的人也没有给予充分的回应。怀疑论时期指的就是这一立场很盛行的时期。尽管很多哲学家努力让我们忘掉怀疑论，但我们已经在怀疑论时期生活了差不多四百多年。怀疑论时期通常伴随着对确定性以及对确证信念的过程的关注，因为确证恰恰指的是有必要将正确的东西辩护为确定的（justification is what is needed to defend the right to be sure）。相比之下，非怀疑论时期则多半涉及理解，且伴随着它的问题几乎不关涉确证，相反却关涉到揭示过程的旨趣（interest），因为解释的能力显示了一个人的理解。

在我看来，着重于确定性还是理解，它们之间的这种差异似乎影响着界定知识的方式。在确定性作为优势价值以及怀疑性被充分严肃认真对待的时代，大致来说，知识通常被定义为以确证的方式相信一个真命题。因此知识就是确证的真信念。20 世纪后期知识论的领袖人物齐硕姆（Roderick M. Chisholm）就巧妙地辩护了这一定义[①]，且这种知识观占据了数十年的优势地位。因为它直至最近也仍然是共识的一部分，它形塑着很多知识论学者探究知识的方式。

相比而言，在理解占据优势地位以及怀疑主义未被视作威胁的时代，知识的定义非常不同。在柏拉图《泰阿泰德篇》（201d）中，苏格拉底考虑（并且最终拒斥）将知识——认识（epistêmê）界定为真信念加逻各斯（理由或解释）。逻各斯与确证完全不同（A logos is nothing like a justification）。实际上，给出逻各斯的能力更像是人们因为掌握技能——技艺

---

① Roderick M. Chisholm. Theory of Knowledge. Englewood Cliffs, NJ: Prentice Hall, 1964. ——译者注

（technê），而拥有的本领。一个能够给出逻各斯的人知道如何去把事情做好，这就使她成为一个值得信任的人，为这里所说的与技能有关的事情提供建议。值得怀疑的是，柏拉图却将知识对象视为分立式命题（discrete proposition）①，并且他也不认为认识者（knower）和认识对象之间以信念为联系。因此，柏拉图可能已然完全拒斥 20 世纪将知识解释为"确证的真信念"所涉及的所有三个要素。

要注意的是，如果我从理解之价值的视角来探求知识，那么我们就只能放弃前面提到的关于知识共识的第三个和第四个要素。知识或许仍旧是一个认知状态，正是这样的状态将主体放置到与外在于其心智的实在的关系之中，并且它仍然会是一个善的状态，但它不会是一个对分立式命题表示同意的状态。知识可能涉及心理表征，但是与其说人们是通过包括图谱、图形、图表、模型等在内的许多其他种类的结构来知道，倒不如说只是通过带有句子结构的对象而知道。一些理解的形式甚至可能不涉及表征。当我们理解艺术或音乐作品、小说中人物的心理结构，或物理学中的某个理论时，究竟发生了什么？我们拥有某种知识吗？如果是的话，是不是可以说我们所知道的东西可以还原为一系列命题？我觉得不一定，并怀疑当代知识论正是忽视理解的价值才招致种种麻烦。我同样怀疑理解是与非命题知识相关联的，正如我之前所提及，这一点在当代知识研究中却常常被抛在一边。

因此，尽管我已然辨识出知识论学者广泛接受的知识特征，但我同样认为以下情形值得注意，即这种共识的某些特征完全不同于其他历史时期哲学家们所认为的那些东西。当我们在翻阅这本书时，心中存留这种想法是有帮助的，因为它能给予我们正在做的事情以分寸，或许也将在我们遇到看似不可逾越的难题时给予我们想法。

当今知识论的一个有趣的特征就是知识论的共识开始瓦解。大约 25 年之前罗蒂（Richard Rorty，1979）因宣称"知识论已死"而闻名于世。② *8*

---

①　这里的分立式命题指能够在一个句子中被表达，与其他命题相分离的某个单一命题。——译者注

②　Richard Rorty. Philosophy and the Mirror of Nature. Princeton：Princeton University Press，1979. ——译者注

罗蒂和其他主张"知识论已死"的理论家如威廉姆斯（Michael Williams，1991）都宣称，知识论是专注于回应怀疑论的哲学分支，但是如果怀疑论并无威胁，那么知识论就失去了它的意义。正如我们将在第二章和第三章中看到的，如果近代知识论的历史被解读为回应怀疑论的历史，它的意义将更为丰富，但是并不能随之认为如果没有怀疑论，知识论学者将无所作为。在我看来，哲学家们需要做的事情之一就是要恢复理解的价值。至于我们需要做的其他事情，让我们回到知识论的中心问题。

我从三个重要的问题开始：什么是知识？知识是可得到的吗？我们如何获得知识？同时我还要提一下，既然我们把知识视为通过好的方式相信（a good way to believe），那么另一个要问的重要问题便是，为什么我们需要知识。知识之善究竟是什么（What is good about it）？确定性和理解在不同历史时期都是与知识相关联的价值，因此这就导致另外两方面问题：（1）什么是确定性？它是可得到的吗？我们如何得到它？（2）什么是理解？它是可获得的吗？我们如何获得它？知识论中同样有些问题与知识没什么关系，尽管它们可能会与那些有关知识的问题相混淆。知识论学者探究我们形成和修正信念的那些好的与糟糕的方式（way）。知道就是好的拥有信念的方式，但也有其他方式。有一些信念是合理的，另一些信念则是不合理的。一些信念是在理智上有德性的，另一些信念则是（在理智上）有恶性的（vicious）。我们形成并持有那些信念，可能是仔细地或不经意地、心智开阔地或心智闭塞地、公正地或不公正地、对证据和他人观点有着智识上的敏感性或是没有这方面的注意力。还有很多其他方法，我们用于评价信念、建议他人（及我们自己）以恰当的方式来对待相信和不相信（disbelieving）。

那意味着知识论的主题研究比知识的研究及其构成要素的研究更为广泛。我认为对知识论加以刻画的最普遍方式就是：**知识论是研究以合适的（right）或好的（good）方式在认知意义上把握实在**。当我们用这样的方式来考虑知识论时，它自然会引导我们去思考以下两个方面之间的关联，即我们应该相信什么与他人应该相信的那些适用于我们的东西，比如我们应该做什么与我们应该感觉怎么样。我们或许同样会问及以下两个方面之间的关系，即我们**应该**相信什么及如何相信，与我们应该做些什么才能过上一种在认识上**善的**生活（an epistemically *good* life）。应然（should）　9
和善（the good）之间的关联是伦理学理论最根本的问题之一，而且，同
样的问题也出现在知识论中认识的应然（epistemic should）和认识的善
（epistemic good）之间的关联上。同样，还存在以下论题，诸如知识、理
解、确定性、合理性及理智德性等认识的善如何与其他构成好生活的善
（goods）相关联起来。我们将在最后一章来考察这一问题，本章中我们将
从一些无争议的内容出发来展开讨论——我们都关心很多东西。一些东西
对于我们来说很重要，对他人则不是。在接下来的部分，我想要表明如果
我们关心任何东西，那么我们就必须关心相信它的恰当方式（the right
way）。关心任何东西意味着我们承诺，按照我们应该那样去相信和不相信。

第二节　认识的需求与我们所在意的东西

我们所有人都关心许多东西。甚至即使存在不关心任何东西的可能
性，但是倘若我们不关心任何东西，我们就无法过上一种好生活。关心许
多东西不仅是人类的天性，而且是我们所愿意过的生活的一部分。但是如
果我们关心任何东西的话，我们就必须在意我们所关心之领域中拥有真信
念。如果我关心我的孩子们的生活且我拥有最低限度的理性，那么我就必
须在意拥有有关于我的孩子们之生活的真信念。① 如果我关心足球，我就必
然在意拥有关于足球的真信念。我把那种对真（truth）给予关注的信念
称为被尽责地持有的（conscientiously held）信念。我假定，尽责（con-
sciousness）是某种带有程度性的东西，并主张（在带有一些限制条件的
情况下）我们越关心某东西，我们就一定会越尽责。

我认为关心从两方面把对尽责的信念之需要加诸我们。一是无论如何
我们总会需要在该领域拥有些什么信念；二是我们总是有获得该领域中尽
责的信念的需要。前一个需要无疑比后一个需要更强，原因在于我们关心

① 科恩布里斯（Hilary Kornblith）在其《认识的规范性》（Epistemic Norma-
tivity）一文中也提出类似的看法。详细讨论请参见：Zagzebski. Epistemic Value and
the Primacy of What We Care About, 2004b。

10 某东西的能力可能超出我们形成信念的能力，尽管在某些领域中我们无法形成信念或许会限制我们的关怀能力。比方说，我们会关心飓风中灾民的生活福祉，但因为有很多灾民，没有人能够获得关于这么多灾民的信念。我怀疑这就限制了我们关心他们每个个体的能力。我们所倾向于做的就是获得关于他们作为一个类（class）的信念，并且如果这就是所有我们所拥有的东西的话，那么我怀疑我们仅能够将他们作为一个类来加以关心。可能这也是为什么摄影记者努力展示（put a face on）灾难性事件的原因，它有助于我们关心作为个体的灾民。

进而，我认为不仅是我们自身保证我们自己尽责地获得有关那些我们所关心的对象的信念，而且如果我们不去获得或不能获得它的话，往往会弱化我们的关心。同样，如果我们需要关心许多东西以过一种好生活的话，我们尽责地形成信念的能力方面的局限性，就会限制我们所希望拥有的生活的某些可取性（limit the desirability of our lives）。

要在我们所关心的领域内获得信念，需要有一些条件（qualifications）。有时拥有我们所关心领域内的那些信念，会与我们所关心的其他东西相冲突。甚至即使你在关心你朋友的个人幸福时，如果同时关心他们的隐私，你就不会在意拥有那些关于他们生活中最私人内容的信念，至少不会是很多具体的信念。因此即使在我们所关心领域内**尽责地**获得信念这样的需求会有例外，但这样的例外同样会在我们所关心的其他事物，比如他人的隐私中出现（这就是为什么好奇会成为恶的原因之一）。

另一条件则是，获得有关我们所关心的东西的信念，这样的欲望有时出现适得其反的情形（Another qualification is that the desire to acquire beliefs about what we care about can sometimes be counterproductive）。比方说，健康显然是一种可取的生活的重要组成部分之一，但是某人困扰于健康会减损某人生活的可取性，因为获得太多有关健康的信息会损害你的健康。然而，除了这些条件之外，我认为在一般情况下，如果我们关心某些东西，那么仅仅是尽责地对待任何我们碰巧拥有那些领域中的信念并不够。我们同样需要获得这些领域内的信念。

因此我们关心许多东西，而且对任何东西的关心都会给我们带来相应的要求，即需要我们关心我们所关心领域的真信念，它同样包括尽责地获得那些领域中信念的要求。不过关心的逻辑相比于尽责的信念而言要求更多的东西，原因有很多。首先，我们经常是我们所关心的领域中的行动者（agent）。我们需要那些能够作为我们行动基础的信念，这些信念不仅要是真信念，还要相信我们行动所赖以施行的那些特定信念为真。相信的程度需要随情境而变化。行动涉及时间，通常还涉及努力，有时候还涉及风险和牺牲。对于那些我们据以行动的信念之真，如果没有任何相信可言，那么我们的行动就是不理智的，而且这个相信程度应该高到足以使得行动中涉及的时间、努力与风险有所值。尽管有时我们所需的相信程度就相当于是确定性，但是它通常却并不是。

我们同样知道，如果只是因为我们有时拥有相冲突的信念的话，我们就会拥有假信念，而且既然我们并不想要我们所关心领域中的假信念，那么我们就会想办法（mechanism）将假信念与真信念区分开来。假定你正在挖如金子一样的贵重物品（忽略这些日子里你不太可能找到任何贵重物品的事实）。假定在挖金子的时候，你找到了很多金块，但同时也找到了很多假金块（Fool's Gold），假设难以将它们与真金块区分出来。同样再来假设一下，你发现你过去一直保留的某些金块实际上是假金块，因此即使你很确定你有很多真金块，你也不能肯定哪些是真金块哪些是假金块。即便你有很值钱的金块，但如果它与假金块混在一起，拥有它们似乎也意义不大。你不仅想要金块，而且你还要区分真金块和假金块。与之相似，我们不仅想要真信念，而且我们同样想要把真信念和假信念加以区分。如果真信念与太多的假信念混在一道，那就会减少前者的价值。

我们所关心的东西中包括在意他人关心我们所关心的东西，这就意味着我们关心他们拥有关于我们所关心的东西的真信念，在某种程度上我们同样在意他们所关心的东西。因此我们在意我们作为他人的**好的信息提供者**。我们希望能够向他人传递真信念而非假信念。

尽责要求自我信任（self-trust）。尽管尽责是尽我所能去获得真信念，但是尽责并没有保证让我获得真。我会仔细、全面地寻找和评估证据，我会无先入之见地听取一些相反的观点，等等，但这些同样不会保证我获得真。因此我需要相信（trust），尽责的信念和真信念间有密切的联系。如果我不相信，并且缺乏这样的信任会使我在我所关心的领域拥有屈指可数的尽责的信念，那么我就会不太在意我所关心的东西，那就会让我过一种不太可取（less desirable）的生活，这样的生活会是我所不想拥有的。此外，既然我的大部分信念都依赖于他人，我就需要另一种信任。通常情况下，我无法确认他人是尽责的，因此我需要相信他们是尽责的。同样，如果我不信任他们，我在我所关心的领域就拥有很少的尽责信念，那就会让我过着一种不可取的生活。

关心的逻辑要求我们生活在一个有着认识信任（epistemic trust）的族群当中，其重要性已然戏剧性地反映在古希腊卡珊德拉神话之中。根据那个神话，作为引诱卡珊德拉的阴谋计划的一部分，阿波罗赐予她以预言的天赋。当卡珊德拉拒绝他时，阿波罗没有收回他给予的预言天赋，但是他做了比这更糟糕的事。阿波罗允许卡珊德拉继续看到未来，但是她命中注定从不为人所相信。卡珊德拉的诅咒意味着，她警告称特洛伊木马是个骗局但无人理睬她，（从而）给特洛伊人带来了灾难性的后果，但它以不同的方式给她造成可怕的影响。她最终成为一个不会说话的女人，而埃斯库罗斯告诉我们这使她发了疯。①

卡珊德拉不为人所相信的仅仅是她所预言的未来，但与此类似的是，可以想象一下不被相信的可能是你所说的每件事情。你将以这样一种极端方式陷入认识上的孤立，你也可能以所有其他的方式陷于孤立。任何交流的努力都将是徒劳的，因此尝试和任何人说任何东西都毫无意义。② 你无法与他人制订什么计划，成功地向他们表达你的感受，或者甚至是过自己所习惯的最低限度的现实生活。尽管我们需要信任，但是当被视为不值得信任时，信任就被破坏了。生活于一个认识意义上可信任的以及值得信任

---

① 在埃斯库罗斯的戏剧《阿伽门农》中，卡珊德拉能够预言，却无法阻止她自己的死亡。

② 人们可能希望卡珊德拉会最终放弃（说出她的预言），但神话中卡珊德拉从未放弃说出她的预言。这个想法大概是说真理具有一种需要进行表达的权威性。当人们不听的时候，它也没有远离（It does not go away when people don't listen）。卡珊德拉传说与认识的信任之间的相关性的讨论，可参见 Zagzebski（2003a）。

的人所组成的共同体中，是任何值得过的生活的一个重要的要求。

我们所关心的另一方面，就是不要对下面所说的情形感到奇怪：我们想要能够预测明天的世界将会如何的方式（We want to be able to predict the way the world will be tomorrow）。尽管我们可能会想什么方式都可以，但我们当然会想要能够预测，世界所是的方式会不会是与我们所关心的东西相冲突的那些方式。那是科学拥有如此多的状况（status）的原因之一。它允许我们像解释过去一样去解释未来。 *13*

我之前已经提到了我们所拥有的一系列认识价值，因为我们关心很多东西，并且关心东西是过我们想要过的生活的一部分。这些价值包括真信念，从假信念中区分出真信念的能力，确定性或至少对我们的信念有信心，可信度（credibility），信任和值得信任，以及可预测性。因为我们关心这个领域，因此所有在我们所关心领域之内的这些东西都是可取的。关心会强行把这些需要加诸我们，而这意味着我们通过关心强行把这些需要加诸我们自己。在这些价值中某一些可能是知识的构件（components），但是知识也可能是其他某种东西。无论如何，知识在我们所关心的领域之中都是我们想要的那种东西，并且我们可能同样因为其自身的缘故而想要知识本身。

第三节　道德与认识的需求

我已然论证表明，即使我们能选择我们所关心的东西，但我们所不能选择的是，假定我们关心某东西，我们就必须关心那个领域内的真信念。但是某些关心它们自身就是不能选择的，而且我假定对道德的关心就是其中之一。相比于那些不可选择的东西，道德可能甚至属于更加特殊的范畴，因为例如健康等东西是所有人必须关心的，然而当一个人为了他人的生命或自由而牺牲其健康时，人们可能会愿意甚至是心怀敬畏地，来协商以他们的健康交换其他的好东西（other goods）。这可能意味着即使健康是我们所有人都需要关心的东西，但它不是我们必须绝对关心的东西。道德是不同的，因为它既是非选择性的，又不能用其他价值交换。我们不会把道德价值与非道德价值进行交换。比方说，我们不会为了我们的个人价值而做出有悖于我们作为父母或老师之角色义务的决定。①

14　如果道德对于我们的重要性是不能选择的，那么随之可以说道德领域内的尽责信念同样是不可选择的。道德要求我们在形成与道德及道德决定相关的信念时，保持在认识上尽责的状态。不能违背任何认识的要求，这是一种道德要求。在任何这样的信念中出现认识上不尽责的情形都是在道德上错误的。正因为在道德上有些东西比其他东西更重要，所以我们在道德上所要求的尽责程度就有所不同。

这意味着我必须要关心对那些关于道德领域的信念的辨识。假定我不知道太多关于全球变暖的问题，但是我确实非常关心道德问题，那么道德对我做出的要求之一便是，要关心道德问题是什么、不是什么。因此在寻找关于道德的信念时，道德就要求我做到在认识上尽责。如果尽责地在认识意义上去寻求的这种信念使我获得关于全球变暖的信念，那么我就有这样的道德需要去获得在认识意义上尽责的关于全球变暖问题的信念。

尽管如此，我认为我们需要小心地不去扩大对每个个体所提出的要求。全球变暖问题可能会是一个道德问题，并且是一个对于我们全体来说都很重要的道德问题。全球变暖问题是一个涉及所有人利益的问题，它不像我孩子的安全问题，后者只是我作为其父母一方所特别在意的问题。如果我接受我所阅读的或者听闻的那些我相信的全球变暖问题的论述，我可能十分尽责地去满足道德要求，反之如果我孩子的安全问题受到威胁，同样程度的尽责却可能远远不够。而且获得关系到我孩子安全问题（至少当他们还小并在我照顾之中时）这一方面信念的需要，毫无疑问远超过获得关系到全球变暖问题的信念的需要。因此在我孩子的安全问题的领域内，需要我尽责的程度以及所要求的尽责程度都远超过全球变暖问题的领域。

以上对我们所关心内容之需要的考察，能够解释 W. K. 克利福德

---

① 与此相反的有趣思路则是伯纳德·威廉姆斯（Bernard Williams）关于高更（Gauguin）的著名例子。高更离开他在法国的家人去塔希提岛画画。威廉姆斯说我们或许因为高更油画的巨大价值而原谅他的不道德行为。参见：威廉姆斯. 道德运气：Moral Luck，1981。

（W. K. Clifford）在其具有里程碑意义的文章《信念的伦理》（The Ethics of Belief）中，提出的那个著名例子何以合理。① 克利福德描述了一个船主毫无理由地相信他的船适合航行，并满载移民扬帆出海。当船沉没的时候，克利福德认为这个船主因为在认识意义上不尽责而显得在道德上是错误的，这一点无疑是对的，但是克利福德却用这个例子来支持他的理论——任何人基于非充分证据而相信任何东西都是道德上错误的。在克利福德看来，所有的信念都是道德问题，而且任何尽责信念的标准都同样严格。此外，克利福德认为尽责的信念都基于人们对证据的信念，这个观点常常被称作证据主义（evidentialism）。然而，在解释关心与认识的需求之间的关系这一点上，如果我是正确的，那么克利福德不仅夸大了道德和证据间的关联，而且除了证据的权重之外，他忽略了尽责方面的道德相关性。

首先，在道德上要求船主对其信念尽责有赖于具体情境是什么样的。假定船主没有送船出海的打算，但是如果他能够证明这船适合航行，他就将获得减税。他相信这船适合航行，并且声称那样做是为了得到减税，但他却不想麻烦地去做船的仔细检查。尽管他因为违反了认识规范而导致在道德上可能有罪，但是他的过错远比克利福德情形中的要轻，因为道德对他的要求更少。或者当他们两个人在酒吧，而所有人又都在吹嘘他们各自的船时，他可能只是对朋友宣称他的船是适合航行的。在最糟的情况下，他也只是有悖很弱的道德要求。

尽管克利福德忽略了语境的重要性，但除了证据之外他同时也忽略了认识之善的道德意义。在伊恩·麦克尤恩（Ian McEwan）的小说《赎罪》（2002）中，一个聪明而富有想象力的十四岁女孩——布莱欧妮·塔利斯（Briony Tallis），目击了一起发生在她姐姐塞西莉娅（Cecilia）与罗比·特纳（Robbie Turner）间的轻浮事件，罗比是仆人的儿子，他很有天分，已经获得剑桥大学的奖学金。当布莱欧妮最后发现他们拥抱在一起时，她在性方面的纯真结合这一戏剧性画面的吸引，导致她将这一事件理解为是对她姐姐的侵犯。当晚，在发生客人于房子附近的黑森林被强奸的事件

---

① 这篇论文可以在 Clifford 和 Pollock（1901）中找到，虽然它已经出现在很多选集中。

后，布莱欧妮从对攻击者的匆匆一瞥中坚定地断言那是罗比。由于布莱欧妮的证词，无辜的罗比被判有罪并被投入监狱，由此导致这个家庭分崩离析，并毁掉了罗比和塞西莉娅的人生。在这个故事中，布莱欧妮真诚地相信她的证词，但是她的信念的获得却并不尽责，而且对于罗比和其他人是道德上的过错。故事中的成年人同样从他们不尽责的相信中形成信念和行动，我们对他们的谴责可能超过布莱欧妮，因为在尽责这一点上对成年人的要求毫无疑问要超过对孩子们的要求。

这个故事说明对真信念予以关心的道德义务，但是除此之外，它表明在关心前面提及的其他认识善方面的道德要求，这些认识上的善包括值得信赖、可信度、知识以及理解等。它还表明了诸如细心、心智开阔、理智公正以及理智谦逊这些理智德性的道德意义，所有这些远超出克利福德对充分证据的要求。然而，它也同样支持了克利福德提出的另一个观点，这个观点认为不尽责相信的最大错误在于它成为一种习惯并使得人们容易轻信（一些东西）。布莱欧妮的性格以及她生活的孤僻情形使得她成为一个容易轻信的人。这个事件的结果是悲剧性的，不过克利福德的断言却是正确的：无论是否造成悲剧性结果，理智上的轻信都是道德上失败的（a moral failing）。

当然，还有许多信念我们永远不会付诸行动，其他人也同样不会，因此在这些信念中没有做到尽责看起来不是道德上的失败。但是令人不安的是，尽责的缺乏成为一种习惯，一旦一个人拥有了这种习惯，她将无法把她依据那种习惯的行为限制在无关紧要的领域内。假定我们对很多东西都很在意，如果我们拥有这种不尽责相信的习惯，我们将不可能避免因为伤害他人而出现不道德行为，而且我们同样将很难避免做出一些有悖我们自身对那些我们所关心东西的承诺。

威廉·詹姆士（William James）在他的论文《信念的意志》（The Will to Believe）中提出了对克利福德的著名反驳。① 经詹姆士观察发现，获得真理（to get truth）的激情和避免错误（falsehood）的激情是两种不

---

① 参见詹姆士（1979）。詹姆士的论文，就像克利福德的一样，出现在很多选集中并被转载过。

同的激情，它们导致不同策略。相比避免错误的激情，获得真理的激情会涉及承担更多风险。通过相信为数不多几样东西，确信人们所相信的内容满足了最严格的标准，人们就能够确保他们没有假信念，不过在这么做的过程中，人们不仅避免了假信念，而且也放弃了许多真信念。相较之，获得真理的激情将会导致人们拥有更多信念，其中一些当然会是假信念。有 *17* 的人会被求真的激情占据内心，他们的标准在某种意义上要宽松于那些被避免错误的激情所主导的人的标准。克利福德的证据主义原则源自避免错误的激情而不是求真的激情。这是一个安全原则。詹姆士认为获得真理的激情与避免错误的激情一样都是合理的。理由不能决定哪一种激情应该占据优势，因为这两种激情毕竟都是激情。我会认为尽责的信念持有者是受到两种激情的驱使。无论哪一种激情都不应该统治人们的整个信念形成活动，不过其中一个比另一个更为重要却并不是不合理的。

我之前曾经提到过，我认为对信念的尽责包含两个方面：其一是在我们所关心的领域内，对任何我们所拥有的信念都有尽责的需要；其二则是在那些领域中都有获得尽责的信念的需要。然而这些需要可能会把我们拉向相反的方向。詹姆士关于两种认识激情的观点就与这两个尽责要求相关联。这种对我们所拥有的信念施以尽责的要求就是一个安全原则。甚至即使这一原则没有像克利福德证据主义原则那样，被予以如此严格的解释，这个原则仍然旨在确保我们所拥有的每一信念的形成与保有都考虑到以下可能性，即倘若存在其他信念，这个信念仍旧可能为真。这是个谨慎原则（a principle of caution）。在那些我们所关心领域中获得信念的第二个要求就是风险原则（a principle of risk），也即冒险获得我们所想要的真理。这一原则告诉我们，如果我们不做尝试，我们就不可能成功。尽管我们冒着失败的风险，但是我们同样获得了成功的机会。

我认为我们需要明白，这两个尽责的需要将我们拉向了相反的方向。如果我们对我们的信念太过谨慎，我们最终可能无法拥有足够的关于重要问题的真信念——它们会把我们导向一种好生活。比方说，对我而言以下问题似乎很重要：

上帝存在吗？宇宙有目的吗？人类个体的生活拥有那种被康德称

之为尊严的特殊价值吗？如果有的话，那种价值来自哪里？人类有自由意志吗？人与人的身体是相同的东西吗？是什么使得一种生活比另一种生活更加值得钦慕？我应该希望我的孩子过何种生活？

一方面，尽管我们可以尽责地持有对这些问题的回答，但是如果我们对尽责的标准如克利福德原则那样严格，那么随之就会在这些问题上出现不可知论。另一方面，因为信念对我们自己和他人可能是危险的，我们需要谨慎一些，克利福德在这个问题上是正确的。我们既要避免在重要问题上的无知，也要避免在这类问题上犯错误。如何平衡这两个策略并不那么显而易见。

西蒙·布莱克本（Simon Blackburn）是当代著名的克利福德理论的捍卫者，他强硬地辩护我们的理性责任（our duty to reason）。然而不幸的是，布莱克本（2005：5）也转而表达了以下观点：

> 克利福德无疑是对的。一些人坐拥一些完全不合理的信念就好像坐在一个定时炸弹上。一个东西可能拥有跟另一个东西完全相同的本质，天主教会持有这种明显无害、比较怪异的信念，尽管它完全没有显示出任何经验特质，但它为人们持有人是撒旦代理人所伪装这样的观点做了准备，这种观点反过来又使摧毁他们显得同样合理。

显而易见的是，尽责的宗教信徒会相信圣餐变体论，而且不会倾向于认为人们是应该摧毁的撒旦的代理人，他们同样无须拥有那种形成一般意义上的非理性信念的习惯。如果布莱克本的激情是有关除了证据之外的其他东西，人们会对此感到惊奇。然而，布莱克本是对的——有些行为在道德上会是未经确证的，至少部分原因在于它们是基于认识上未经确证的信念。当隔壁邻居来我门口看望我时，如果因为我相信他藏有武器，想来杀我，而且我据此来攻击他，你将会认为这一行为和这一信念都是疯狂的，然而这一行为和这一信念间的关联却并不疯狂。事实上它是非常合理的。如果我对关于我邻居的意图的信念非常尽责的话，那么我的行为或许是得以确证的。假设它是没有得到确证的，那么我一拥有这个信念后就已经在道德上误入歧途。

作为一种道德的需要，那些必须在认识上尽责的信念范围可能非常广泛。一些信念是否与我自己或其他某个信赖我言语的人做出道德判断或行为有关，这一点并不明显，因此我在面对海量的信念时有初始的责任做到尽责。当我们进一步考虑那些道德领域之外我们所关心的东西的范围时，包括关心他人所关心的东西，对于我有必要在认识上确证地持有的那些信念的范围而言，那就会得到进一步拓宽。最后，还有社会角色的认识需要。在一个诉讼案件中一位法理学家有义务去尽责地做出决定，无论她是否关心这个案件，无论这个案件是否涉及道德领域内的东西。在此认识需要并非由她个人所关心的东西引起，而是由该角色自身的重要性所引起。

　　鉴于我在前两节中所说过的东西，进而可以认为，我们要努力遵从我们之为人的那些认识规范。道德、我们的社会角色以及许多我们个人所关心的东西，均对我们提出认识的要求，这些要求不仅被应用到几乎我们所相信的所有东西，也被应用到很多我们并不相信但我们应该相信的东西。本书中所讨论的这些问题不仅涉及学术旨趣，而且可以应用到我们所有人如何过生活的方式。

第四节　胡言乱语（bullshit）

　　为了过一种值得过的生活，我们需要很多信息以及其他东西，在这一方面我们有着对彼此的依赖，因此我们想要成为好的信息提供者，而且我们希望别人也成为我们好的信息提供者。因而，就有很多统辖我们彼此间说什么，以及我们相信什么的规范。相比较我们所相信的东西而言，通常我们所说的东西对其他人的影响更大，但是又比我们所做的事情要小很多。

　　那么我们就会期待着，我们所说的东西中带有的伦理学应该处于信念伦理学与行为伦理学之间。我已然通过论证表明，尽管对我们有认识上尽责的道德要求，但在我们的社会中人们可以出于任何理由而放弃（get away with）相信任何东西，且人们能够出于任何理由而放弃言说几乎所有东西。可能的例外情形通常包括种族主义言语或针对特定族裔、宗教团体的言语。然而，认识的不合理往往不是指责的对象。当话语变成一种攻击的形式时，人们才会有所不满。不过，关心任何东西就会要求我们去关心我们所关心东西的领域中的真理，如果在这一点上我所言不虚的话，那么它同样可以应用于我们所说以及我们所相信的东西。我认为断言（assertion）的基本规则就是，我们说话时要带着对真理尽责的关心（regard）。毫无疑问，从基本规则中还可以推出断言的很多次要（secondary）规则，同样还有一些规则源自早先提及的其他认识价值，不过我所要讨论的仅是基本规则。

当然，真理在一些言语的使用中并不重要。尽管玩笑（joke）明显就属于这样的例子，但在玩笑的情形中，所有各方都知道遵从（on hold）常见的断言规则。① 当说话者一开始就说一些诸如"这只是我的观点，但……"之类的话，来做出其断言时，另一种没有遵从规则的情形就出现了。我怀疑这样的说话方式在交流中是否会起着非常重要的作用。它提醒听者注意，说话者并不想遵守常见的断言规则。说话者可能并不确定，她正在说的东西源自对真理的尽责的关心，或者尽管她认为她所说的与真理有这样的关系，但是她不想去对其他人如此做负什么责任。在她说某些东西仅是她的观点时，假如我们不遵循断言的规则却又假装遵循时，这样的说话方式会使她免于我们可能对其做出的这类批评。

因此，除了那些断言的规则被抛到一边的情形外，首要规则便是我们要毫无保留地说出对表达真理的关注（So aside from situations in which the rules of assertion are set aside, the primary rule is that we speak out of a concern to express the truth）。这让我们想起法兰克福（Harry Frankfurt）2005年那本流行著作——《论胡言乱语》（*On Bullshit*）。② 法兰克福所用的"胡言乱语"的意思是，它是一种言语，不过它并没有表明对真理的恰当关注（Frankfurt, 2005: 47）。在法兰克福看来，有非常多的、各式各样的胡言乱语，而且我们都要对我们做这样的分享负有责任。他认为，它的

---

① 有些时候玩笑有其严肃的一面，且玩笑是一种间接说某些东西的方式。玩笑的这种特征能够使得听者处于一个尴尬的位置，因为她或许会拒斥（reject）玩笑中所蕴含的内容，不过她不去回应任何东西，因为开玩笑的人实际上没有断言任何东西。我认为这常常发生在政治玩笑之中。

② 以下两段所涉及页码均引自法兰克福的这本著作。——译者注

问题不在于它是错的，而在于那些胡言乱语者没有有效表达他想要说的东西（Frankfurt，2005：54）。交际中隐含规则之一便是，你要说一些你有很好的理由去相信其为真的东西，然而尽管胡言乱语者假装遵循这一规则，但不会去做。这样的人便充满着伪装。

让法兰克福觉得不舒服的是，人们对胡言乱语只是缺乏耐心，或者有点恼火地耸耸肩而漠视那些胡言乱语，他们对谎言则反应更加强烈（Frankfurt，2005：50）。法兰克福认为这是错误的，因为胡言乱语真正糟糕的地方就是它在讲真话这一问题上与人并不相合（unfit）。相比较而言，说谎者完全有能力实话相告，他只是选择不说罢了。说谎者和讲真话者处于同一个游戏的两端。胡言乱语者所玩的游戏并不相同，但却让他自己表现为在玩同一个游戏。因此，胡言乱语者比说谎者更糟糕，其原因在于如果胡言乱语成为习惯，他将失去说出他对这个情境真实想法的相应能力（Frankfurt，2005：60）。

法兰克福认为胡言乱语是不可避免的，实际情况就是，人们很多时候为情境所要求而说一些他们实际上不知道在说些什么（的东西），这是胡言乱语在公众生活中如此常见的原因所在，而且我要补充的是，教师中也 *21* 是如此。法兰克福说，当公民被期待着针对他们所投票的任何内容给出意见时，同样会对胡言乱语带来压力，与此同时我已然注意到，我们经常会被问及有关出现在新闻中的那些内容的观点，包括那些需要特殊专业知识的主题，比如干细胞研究、各种医疗保险方案的后果、中东的地缘政治等。法兰克福认为，最糟糕的是，胡言乱语会消减有客观真理这个东西的信心。一旦胡说八道这样的情形发生，就会出现目标的转换——从努力讲真话到努力做到诚实，也即准确地表达自己，而不是对我们所认为的实际情况如何的精确表达（rather than the accurate representation of what we take reality to be）。如果你确信在你自己之外的现实（reality）没有什么能够有望如实加以表达的确定的性质，那么你就只能致力于如实表达你自身了。不过法兰克福认为，如果认为只有自身有确定的性质，而其他任何东西都没有这样的性质，这是很荒谬的。如果对外在于我们自身的世界一无所知，我们就无法知道我们自身。他的结论便是，所谓诚实就是胡言乱语。

我认为到目前为止这样的说法正确无误。我所要补充的是，为什么我们应该在意他人假装对真理关注。这里的问题不仅仅在于我们不喜欢伪装。如果我们确实在意任何东西的话，既然我们对真理有这样的承诺，那么胡言乱语就直接有悖我们所在意的那些东西。我们所相信的大部分东西都源自他人，因此我们必须具有的信任就是在他们告诉我们内容的这个问题上，他人是尽责的。然而，如果有人胡言乱语，要么我将它视为胡言乱语要么我不这么做。一方面，假设我不认为它是胡言乱语。我信任这个胡言乱语者、相信他所说的东西，同时让我们假设我这么做是很尽责的。换言之，我没有意识到他不值得信任这一点不是我的错。在那种情况下，我生活的可取性就被毁坏了，因为在我尽责地相信与获得真理之间的关联非常薄弱。另一方面，假设我认定他所说的就是胡言乱语，而且我也不信任他所说的东西。那样的话，我生活的可取性就以一种不同的方式被损毁，因为在我在意的领域中他阻止我尽责地获得信念。因此无论我是否相信他，我都会受到伤害。

假定通过不关心胡言乱语者所说的东西，来极力避免这一难题。这同样无法挽救我生活的可取性。首先，我们不能只是决定停止关心我们所关心的那些东西，甚至即使我们能够如此，如果我们是因为他人的不值得信任而被迫停止关心那些东西的话，我们也无法过上可取的生活。如果我们停止关心每一个我们主要信息来源无法信任的领域，那么相比较世界上没有这么多的胡言乱语，我们最终关心的会更少。其次，我认为可取的生活往往需要关心很多东西，如果这一点没错的话，那么停止关注所导致生活的可取度就变得更少。我的结论就是，无论你以什么方式来看待胡言乱语，它都损毁他人的可取生活，而且既然那些胡言乱语的人不可能信任其自身，它就损毁他所关心的东西，进而它也损毁他自身生活的可取性。

让我觉得有趣的是，胡言乱语在某种方式上与虚伪有关。它们两者都是一种欺骗。尽管法兰克福没有提到虚伪这个方面，但他却注意到，奇怪的是人们对虚伪歇斯底里，而对胡言乱语却常常显得宽容。事实上，直到恐怖主义引起如此多的公众注意之前，虚伪实际上是唯一一个被公众拒斥的恶习（vice）。尽管懦弱、不道德的性行为、不诚实甚至谋杀经常会被容忍，甚至被加以辩护，但是虚伪所遭受的各式诟病却超越任何其他道德批判的限度。人们声称虚伪随处可见，尤其是在政府官员中。伪君子希望人们认为他是道德上值得钦慕的人，实际上他并不是。① 胡言乱语者想要人们认为他关心真理，而他并不如此。法兰克福认为，胡言乱语的那些人并不关心真理，他关心的是他人如何看待他。我不确定我（是否）同意——胡言乱语者总是关心他或她在别人眼里如何。既然对真理表示关心需要一些训练，那么他或许只是懒惰而已。按我的设想，胡言乱语者的动机与伪君子之为伪君子的动机相同。

不过在这里我要给读者留下一个伤脑筋的问题。似乎对我来说，除非他人不喜欢那种以胡言乱语开始的言语，否则人们难以避免胡言乱语，相较之，人们对虚伪十分敏感，会严加斥责并声称它随处可见。我所怀疑的是，人们喜欢这样的说法——有些人是虚伪的，而另一种说法则没有什么让人觉得愉快的——有些人是在胡言乱语。②

第五节　怀疑主义与我们所在意的东西

在本章中我已经提出，知识论研究我们的信念中所关心的那些东西，同时，因为我们还关心其他东西，所以也研究我们自身是如何做到努力相信的。因此知识论探究的重要对象之一就是尽责的信念。既然我们的很多

---

① 我想许多人都混淆了虚伪与其他道德缺点，例如意志薄弱，希腊人则称之为无节制（akrasia）。当一个人违背她自己所接受的道德规范，这种无节制的情形就会发生。这发生在当一个人违反她自己所接受的道德标准之时。知晓如何正确地做事却不去做，这样的情况如此普遍以致几乎无须置评。然而单纯的意志薄弱并不是虚伪，它只是道德上的缺点罢了。

② 当《美德》（*The Book of Virtues*）一书的作者威廉·班尼特（William Bennett）被发现是（挥霍）高额赌注的赌徒，许多人就指责他的虚伪，而且似乎乐于把他当作一个伪君子。尽管我不认识这个人，但根据我的理解，他从没有把自己假装成不是一个赌徒。赌博既不违背他的教会（天主教）的教义，也不违背他的个人信仰。此外，他的收入足以支付他的债务，他的家庭也没有因此而大受影响。我认为没有证据表明他是一个伪君子，但是大量证据表明人们希望他是一个伪君子。阿尔·戈尔（Al Gore）可能是另一个例子，很多人都把他当成伪君子。

信念都源自他人，那么我们就同样会在意他人信念的尽责性。我们不想生活在这样的一个世界之中——人们对我们所在意的东西的真伪漠不关心。那就意味着我们承诺要在意各式谎言与胡言乱语。我们痛恨被误导，我们痛恨被愚弄。

　　如果我们生活在虚拟现实的机器中，那么这会是我们被愚弄的一大途径。尽管我们可能都相信我们并没有生活在一部虚拟现实的机器中，但是我们同样会对**那个**信念有尽责之心。如果我之前所说的有关在意和尽责间的关联是正确的，那么就相当于我们承诺要对那个信念尽责。对于我们来说，我们没有生活在一部虚拟现实的机器中的重要性越明显，我们就必须越尽责地相信我们不是（生活在一部虚拟现实的机器中）。尽责的迫切程度取决于我们所在意的程度。从这样的关心逻辑中就可以进一步推论出它是否与知识有什么关联。哲学家可能比普通人更加关心这个问题，这或许就是怀疑主义对哲学家构成的威胁远大于其他人的理由之一。事实上，意识到怀疑主义情形自身的可能性并不是难题之所在，而是说如果那样的可能性出现，在意世界所是的方式才是难题。在我看来，如果不将其与我们所在意的东西关联起来，怀疑主义是难以理解的。

　　正如我们将要在接下来的两章中所看到的，怀疑论经常被解释为对知识的一种威胁，而且一旦我们形成一种知识观，并因此知道我们不是缸中之脑（brain in a vat），这样的怀疑论就消失了。然而不幸的是，对知识的威胁只是怀疑论难题之一。怀疑主义对尽责的信念构成了威胁，并且我们可能会非常担心我们在下述问题上的做法很不妥当，即我们尽责地相信"我们没有生活在怀疑论情形中"，如果允许这一信念的尽责性存在更为松散的标准，同时却在我们相信我们不太关心的那些东西的问题上要求更高的标准。可以随便举一个例子。如果我们在相信各类食

品会带来健康危险方面持有严格的标准，同时在相信我们并没有生活在虚拟现实的机器中这个问题上，又允许我们自身存在更为宽松的标准，那么我们会是得以确证的吗？在接下来的两章中我将仔细检视怀疑论及其一系列回应。过去半个世纪以来的知识论历史上的许多主要问题都将在这个讨论中涉及。

延伸阅读

有很多知识论方面的导论类文本和论文集，处于不同水平的学生都能够发现它们有所裨益。百科全书类的论文集，可以参见丹西（Jonathan Dancy）与索萨（Ernest Sosa）所编的《知识论指南》（*A Companion to Epistemology*）（Oxford：Blackwell，1992）。奥迪（Robert Audi）的经典文本《认识论：当代知识理论导论》（*Epistemology：A Contemporary Introduction to the Theory of Knowledge*）（New York：Routledge，2003），会让读者去"实践"认识论而不仅仅给学生提供有关认识论的知识（instead of merely informing students about it）。邦儒（Laurence BonJour）的《知识论：经典问题与当代回应》（*Epistemology：Classic Problems and Contemporary Responses*）（Lanham，MD：Rowman & Littlefield，2002）一书，一开始就用很大的篇幅考察当代时期出现的知识论问题。为了更直接地提前进入知识论的导论学习，学生可能想阅读费尔德曼（Richard Feldman）的《知识论》（*Epistemology*）（Upper Saddle River，NJ：Prentice Hall，2003）或者富梅顿（Richard Fumerton）的《知识论》（*Epistemology*）（Malden，MA：Blackwell Publishing，2006）。波耶曼（Louis P. Pojman）的《知识理论：经典与当代读物》（*The Theory of Knowledge：Classical and Contemporary Readings*）（Belmont，CA：Wadsworth Publishing Co.，2002）一书，收录古代、近现代以及20世纪这一领域的重要作品。格雷科（John Greco）与索萨所编的《布莱克韦尔知识论导读》（*The Blackwell Guide to Epistemology*）（Malden，MA：Blackwell Publishing，1999）是另一本非常厚重的论文集，收录了当代知识论专家在各个论题上的论文。对于当前的话题，可以参看斯杜普（Matthias Steup）与索萨所编的《知识论的当代争论》（*Contemporary Debates in Epistemology*）（Oxford：Blackwell Publishing，2005），该书呈现了知识论领域新近话题的相反立场。

第二章 怀疑主义和当代回应

第一节 引言

　　怀疑主义是人类境况的普遍难题的具体实例之一。在没确保成功处于我们力所能及范围内，有时甚至不能确保我们会发现我们是否成功的情况下，我们会常常努力去达到目标。这种现象发生在我们的现实生活中，但是当它发生在我们试图获得真信念、知识或任何其他特别的认识之善时，我们就称之为怀疑论。甚至还有一种关于理解的怀疑论形式，尽管哲学家们很少提到这个问题。怀疑主义几乎总是被当作运用于真信念、知识或确证的信念。因此，我们可能做出了努力，但却没能得到真理、确证的信念或者知识，并且从未发现我们失败了。

　　怀疑论有许多程度和类型。我们大多数人都对我们自己的记忆持一定程度的怀疑，同时我们可能对我们的感官体验有某种程度上的怀疑（虽然不是像我们应该尽可能多怀疑那样）。① 如果法兰克福在胡言乱语盛行这一问题上是正确的，我们就应该对别人的断言持一定程度的怀疑。鉴于人们没有胡言乱语的时候，也经常说谎或者只是犯错误，因此，对他人的断言表示怀疑有更为深远的理由。

　　休谟对归纳法做出的声名卓著的怀疑论抨击就是这样一个难题：如果没有做出未来会像过去那样的假设，我们就不能基于对过去的观察而确证地（justifiably）对未来的任何东西得出结论，然而我们如何才能在不使

---

　　① 法律专家说，法庭上最不可靠的证词（testimony）形式就是目击者的描述，但是相比于已经得以确证的，陪审团往往更多地相信这种形式的证词。参见洛夫特斯（Elizabeth F. Loftus）那本有趣的书（1996），它评述了目击者证词中的问题。

用归纳法的情况下来辩护这一假设呢？我们可以说，**过去的将来像过去的**
过去，但是这毫无意义，因为如果没有假设将来会像过去，我们就不能得
出这样的结论：将来的将来和将来的过去之间的关系，将像是过去的将来
和过去的过去之间的关系。有关归纳法的怀疑主义威胁到我们许多信念形
成的过程，不仅在我们的现实生活中，而且在科学中也是如此。

还有对哲学问题做出回应的普遍怀疑论。其中一些回应以及它们所回
应的那些问题非常少见（rarified），以致只有为数不多的人注意到它们，例
如，阿伯拉尔（Abelard）对艾洛伊丝（Heloise）的爱是博爱（universe
Love）的一个具体的例证吗？或者表明了带有占有性的爱（property Love）
的某些具体情形（所谓的修辞形式）吗？不过其他问题则是人类的基本关
注对象，例如自由意志的存在。我们能保证我们对自由意志的信念为真吗？
我们知道我们有自由意志吗？该信念是被确证的吗？许多哲学家认为，所
有这些问题的回答或对其中部分问题的回答是否定的，但是他们仍然相信
自由意志。事实上，范·因瓦根（Peter van Inwagen）声称，在能够做一些
事情的意义上说，每个人都潜在地相信他们有自由意志，否则就不能做这
些事情了，尽管有些哲学家也相信（或声称相信）他们并没有自由意志
（因此他们的信念是相互矛盾的）。但是范·因瓦根（2000）称自由意志就
是一个谜，因为我们无法理解我们对自由意志的信念是如何得以确证的。

或许自由意志的存在是这样一种东西的具体例子之一，我们相信这种东
西，但是不知道，同时我们知道我们不知道它。许多其他形而上学的信念可
能处于这一范畴之中，例如关于不朽的信念，对恶（evil）的解释，或当你们
都用刀切了手指的时候，另一个人感觉到与你相同的感觉这样的信念。甚至
更糟糕的是，有些事情我们不知道，但是我们没有认识到我们不知道它们。①

———————

① 在一个新闻发布会上，当上一任国防部长唐纳德·拉姆斯菲尔德（Donald
Rumsfeld）发表如下评论时，喜剧演员和记者们为此忙活了一整天。他说："据报道，
我总是对一些尚未发生的事情感兴趣，因为正如我们知道的，有已知的已知；有些
事情我们知道我们知道。同样我们知道有已知的未知，也就是说我们知道有些事情
我们不知道。但是也有一些未知的未知——那些我们不知道我们不知道。""简明英
语运动"（The Plain English Compain）组织甚至将他的评论选为 2003 年的"不知所
云"奖（"Foot in Mouth" Award）。这个年度奖项旨在突出"公众人物做出的令人费
解的评论"。然而大多数哲学家并没有发现拉姆斯菲尔德的评论到底为何让人困惑。

27 激进的怀疑主义假设意在表明，我们的大多数信念在这类范畴之中。如果我们都生活在一部虚拟现实的机器中，或许我们就没有办法发现我们正生活在这样的机器中。我们的大多数信念为假，因此它们就不是知识。即使我们不是生活在虚拟现实的机器中，我们的大多数信念又为真，它们仍然有可能无法成为知识，倘若我们不是确证地或尽责地相信我们不是生活在这部机器中。所以我们不会知道在房间里有桌子和椅子，甚至当我们不知道的时候，我们大多数人不知道我们不知道这样的事情。可以说，相比于有关自由意志或不朽的怀疑论，这是一种更为糟糕的怀疑论，因为在相信有自由意志这个问题上，一个人通常会处于以下情景中：

情景1

（a）她相信她有自由意志。

（b）她不知道她有自由意志。

（c）她知道她不知道她有自由意志。

相反，她生活在一部虚拟现实的机器中的可能性，使得她在以下情景中考虑关于她的大部分信念（这些信念是关于她周围世界和她自己的身体）：

情景2

（a）她相信她坐在一张椅子上。

（b）她不知道她坐在一张椅子上。

（c）她不知道她不知道她坐在一张椅子上。

我认为情景2比情景1更糟糕，虽然我已经注意到以个体差异作为回应。一些学生会说情景2没有情景1那么糟糕，因为"无知便是福""不知者，不为所害"等等。我发现情景2更糟糕大致是因为我在第一章最后给出的原因。我所关心的是，这个世界或多或少是我认为其所是的方式。如果不是的话，我就被欺骗了，甚至即使我不知道我自己被欺骗了，我还是被欺骗了。事实上，如果我相信我知道我坐在一张椅子上，我就会被双倍地欺骗，这意味着我被我所相信的这个世界欺骗，同时被我所相信的信念欺骗。

现在，敏锐的读者可能会注意到一些有趣的东西，关于怀疑论的假设和情景 1、2 的比较。可以说，一旦你考虑到你生活在一部虚拟现实的机器中的可能性，你就不再是在情景 2 中。一旦你对上一段的论证有所思 *28* 考，你就会进入情景 1。此外，它是否被视为一种进步，取决于你在意的是什么。但是关于情景 1 有一个奇怪的地方值得一提，你不可能处于那样一种有关你**所有**信念的情景 1 之中（you couldn't be in situation 1 about *all* of your beliefs）。如果你是的话，你就不得不知道你不知道任何事情，但显然那是不可能的。

　　自笛卡尔以来，在对怀疑论的讨论中，激进的怀疑论假说——我们生活在一部虚拟现实的机器中，或者我们被一个邪恶的但像神一样的精灵愚弄——获得了最多的关注，当然也有其他更为古老的怀疑论源头。其中之一就是无限回溯论证，这是下一节的主题。这个问题不是基于许多人认为的遥不可及的可能性，例如像作为一个缸中之脑，或者作为被笛卡尔的邪恶精灵所愚弄。其基本假设是某种被许多哲学家视作明显为真的东西，即一个信念必须是得以确证的，如此便可以作为知识的具体例证之一。然而这个假设直接导致一个怀疑论的结论，我们将在下一节中看到。

　　在本章的其余部分和下一章，我将会提出怀疑论攻击的三个"阶段"。虽然我认为第一阶段比其他两个阶段有着更古老的历史，但我没有按这个顺序呈现它们，因为我认为它们代表着怀疑论担忧的三个程度，从最低到最高的威胁。我不确信在它们的相对重要性问题上我是正确的，但是可能这并不重要，因为它们都是足以得到关注的威胁。而且事实上，大部分现代哲学史都可以被理解为走出这三种怀疑论论证的路径。在本章中我将讨论对前两个怀疑论论证的当代回应。在第三章中我将转向对怀疑论难题的形而上学形式以及一种不同的回应。

第二节　怀疑论攻击的第一阶段：理由的无限回溯

一、皮浪主义与回溯难题

　　古希腊的怀疑主义延续了数个世纪，它开始于爱利斯的皮浪（Pyrrho of Ellis）（公元前 365—前 270），他是生活在亚里士多德之后的一代。要么

29 皮浪没有写任何东西，要么他所写的已经遗失了，我们所知道的皮浪主义大部分都来自后来的追随者，尤其是塞克斯都·恩披里柯（Sextus Empiricus），他在五百年后写了那些东西。塞克斯都以各种探究模式集合了前人的观点，尚不清楚他的著作有多少是原创的。在皮浪主义的怀疑论衰退以后，它被视为一个历史的奇珍，并且多个世纪以来，它一直未被视为在哲学上有什么重要性。

近来，人们对这种形式的怀疑论有了很大的兴趣，有些哲学家认为，相比于笛卡尔的怀疑论，它对知识的可能性具有更为显著的威胁，我们将会在后面的第三节和第四节进行考察。① 这至少有两个原因，而其中一个我已经提到过。皮浪主义的怀疑论不是基于表面上古怪的可能性，即我们所有经验都是被一个邪恶精灵愚弄的可能性。它没有预设除非你很确定，否则你就不知道。皮浪主义者所预设的知识标准是非常普通的。他们主张，人们对一个确证的信念所需要的东西就是，相信某一命题的证据超过了不相信它的证据，而不管这些证据多么微不足道，他们认为怀疑论是遵从这个相当合理的假设而产生的。他们的论证不依赖一个过分严格的知识标准。

此外，他们也没有以前提与结论那样的论证形式来呈现其怀疑论的挑战。他们声称，当你检视它们的各种"模式"时，哲学就是自动导致信念的怀疑论悬置的一种治疗；或者是当你检视各类信念悬置的考察时也会得出哲学作为一种治疗的相同结论。他们并不主张你**应该**悬置信念，他们也不宣称**知道**没有人拥有任何知识（上面提到的自我反驳的主张）。他们认为他们的怀疑论模式这一剂良药将导致一种所谓的**不动心**（*ataraxia*）或平静的状态，一种缓解我们必须做出判断而焦虑的幸福状态。这不是我们应该试图逃避的状态。相反，这是一种认识满足的状态。

怀疑论的状态是有趣的，当然这一想法对于今天的许多人来说似乎是奇怪的。皮浪主义者显然不在意世界是否与它所呈现出来的有多么不同，

---

① 彼得·克莱因（Peter Klein）在 Klein（1999）和 Klein（2000）中论证了皮浪主义的怀疑论的严重性。

并且既然他们没有做出摆脱怀疑论的任何努力，当代哲学家为避免怀疑论 *30*
而提出的精巧理论，会让他们意识到自身的固执与错误。哲学就像其他一
切我们所做的，是通过我们所关心的和我们对其在意的程度而被驱动的。
如我所说，哲学家一般都认识到怀疑论的可怕前景。具有讽刺意味的是，
皮浪主义的怀疑论现在受到很多的关注，不是因为有许多人赞成皮浪主义
者的生活目标是**不动心**，而是因为相反的原因：他们想要确定他们并不是
被迫走入怀疑论的。哲学家们发现皮浪主义者的论证是令人担心的。

皮浪主义者提出许多论证，意在表明某个命题 p 的证据从未超过反对
p 的证据。这里是一种皮浪主义论证的版本之一，它已经影响了 20 世纪
后期的很多知识论。

回溯论证

（1）对于任何命题 p，仅当我确证地相信 p，我才知道 p。

（2）仅当我拥有确证 p 的证据 E，我才确证地相信 p。

（3）除非 E 是得以确证的，否则没有证据 E 能确证一个命题。

（4）仅当有证据 E1 确证 E，所以 E 才是得以确证的。

（5）仅当有证据 E2 确证 E1，E1 才是得以确证的。

（6）仅当有证据 E3 确证 E2，E2 才是得以确证的。

……如此以至无穷。

既然确证的过程永无终止，那么可以推出：

（7）我任何时候相信任何命题都没有得以确证。

因此，由（1）可以得出：

（8）我什么都不知道。

皮浪主义者有着很好的理由不以这样的形式进行回溯论证。他们并不
宣称知道（1）、（2）或者（3），因此很自然他们就不会被迫做出自我否
定的主张——他们知道（8）。他们通过判断（1）、（2）和（3）而开始，
并且在他们到达（6）或者回溯中的某个地方时，判断就消散了（evapo-
rate）。他们只是停止进行判断。可以说，尽管他们认为悬置判断是考察
理由的无限回溯时的恰当论证，但是他们没有**判定**（*judge*）这是正确的 *31*

回应。也就是说，他们没有告诉人们"你应该停止做出判断"。①

然而，当代哲学家通过拒斥该论证中的某些东西，想要阻止皮浪主义这剂药产生效果。他们主张某个前提是错误的，或者也许（7）不能从前述步骤中推出来。首先需要注意的是，在没有前提（1）确证之为知识的构成要素这一假设的情况下，回溯甚至还没有开始。正如我在第一章中提到的，这个假设在20世纪后半叶被广泛接受。前提（2）申明了克利福德证据主义原则，这是另一个在这一时期被广泛接受的原则。前提（3）似乎是无害的。因此根据20世纪后半期的许多知识论学者的观点，一定有某个理由阻止导致（7）的回溯。有大量文献集中讨论被视为阻止出现（7）这一推论的两个立场：基础论和融贯论。

回溯论证到底有多严重？你或许会被诱惑认为在回溯中我们追溯得越远，就越会有一个更加确证的信念，而且可能会导致你得出这样的结论，即使回溯论证表明没有信念 p 是完全被确证的，它至少部分是得以确证的，只要 p 是由 E1 确证的，E1 是由 E2 确证的，E2 是由 E3 确证的，E3 是由 E4 确证的。支持 p 的确证理由越长，p 就越合理。

不幸的是，如此理解回溯的方式是否合适，这一点并不清楚。对于一个疯狂的信念而言，如果它是由一系列如它一样疯狂的理由来确证的话，那么它就不那么疯狂。为表明其中原因，可以考察如下信念：

（i）一个控制了人类心智的邪恶的不明飞行物（UFO）在邻居家的屋顶着陆。

---

① 我不确定皮浪主义者是否真的从未判定人们不应该做出判断。根据尤西比乌斯（Eusebius）在《福音的准备》（*Praeparatio evangelica*）（14.18.2—5）中，皮浪的学生泰门（Timon）说："皮浪公然宣布，[1] 事物都是中性的、不可测度的和不可仲裁的。并因此 [2] 既不是我们的感觉也不是我们的观念（opinion）告诉我们真理或者谬误。因而出于这个理由，我们不应该信任他们一丁点儿，但是我们应该坚持己见，不受他人影响，坚定自己看法，对于每一个体事物而言，它与它所不是的东西一样，或者它既是也不是，或者它或是或者不是（saying concerning each individual thing that it no more is than is not, or it both is and is not, or it neither is nor is not）。"这里尤西比乌斯引用的是亚里斯托克利斯（Aristocles）的话，后者则是引用泰门对皮浪的评价。很明显，这是摆脱皮浪的几个步骤。无论如何，有鉴于他们所持有的达到**不动心**的过程的观点，即使一些皮浪主义者陷入"判断一个人不应该做出判断"的陷阱，但很显然他们并不必然如此。在我看来，这种皮浪主义的怀疑论似乎可以被解释为一个融贯的立场。

这一信念可以被用来确证：　　　　　　　　　　　　　　　　　*32*

（ii）邻居尽管有着人类的外表但已经不再是人类。

这将确证：

（iii）当邻居和我说话的时候，他们是在说谎并打算做坏事。

这就确证：

（iv）如果邻居来敲门说要为畸形儿基金会募捐，那么他们是要害我。

进而这就可能确证：

（v）当邻居来敲门的时候我应该先发制人而射击他们。

当然，尽管（v）是未得以确证的，但是因为它由（i）-（iv）一连串证据所支持，难道说它不是得到更多确证的吗？既然（i）是非理性的，它就使得每一个依赖它的信念都是非理性的，包括（v）。因此，有一连串长长的确证链这一纯粹的事实不足以使一个信念在部分意义上得以确证。当我们回到某一信念的确证理由链之中时，我们永远不知道我们是否会偶然遇上一个类似于（i）的信念。如果我们遇到了，那么整个确证理由链就会崩溃。这就表明，某个信念的长长长的确证理由链可能并不比没有这个理由链好多少。为了确定某一信念是否得以确证，我们需要着眼于整个链条，然而不幸的是，对于这么一条无限长的链条，我们又无能为力。

二、回应回溯难题：基础论和融贯论

基础论和融贯论之间相互竞争，它们都是有关那些得到确证的信念系统具有什么样结构的理论。大体说来，基础论者主张，一个确证的或合理的（rational）信念系统的结构就像一堵砖墙，有为数不多的、处于地基层面的信念不被任何其他信念所支持，不过它们却支持着所有在其之上的信念。与此相反，融贯论者则坚持，确证的信念系统的结构是一个环环相扣的信念网络。基础论者以一组基础的信念终结回溯，而融贯

33 论者强调确证的信念的顺序是回到其自身。基础论者的代表有 R. 齐硕姆①、R. 费尔德曼（2003）、J. 波洛克（John Pollock）（2001）、A. 普兰丁格（Alvin Plantinga）（1993）。融贯论者的代表有 P. 萨加德（Paul Thagard）（2000）、K. 莱勒（Keith Lehrer）（2000）和 L. 邦儒（直到最近才有所转变）。② 最近出现了第三个可能性则是 P. 克莱因所称的无限主义（infinitism），根据这一立场，无限回溯是良性的，并且不会导致出现（7）。③

在考察这三种立场之前，我认为需要注意它们之间争论的一个重要特征。齐硕姆与邦儒都通过一种消除过程来坚持他们的立场。他们选择了相对于怀疑论的最容易接受的备选项（alternative）。克莱因对无限主义也采用相同的手法。我发现这一点很有趣，因为这三种立场似乎没有哪个将其立场视为在独立意义上似真的（plausible）。我提这一点的意思是说，若不是因为回溯论证中呈现出的怀疑论威胁的话，他们会逐渐接受他们各自的立场，而这是值得怀疑的。然而，有些基础论者确实把他们的立场看作在独立意义上似真的。笛卡尔在丝毫没有提及回溯论证的情况下就预设了基础主义，并且正如我们将在下一节中看到的，他认为如果基础信念是确定的，那么基础论就同样有可能避免另一种怀疑论形式。然而在这一节中，我们将把基础论、融贯论以及无限主义看作对理由回溯难题的回应。

基础论者和融贯论者均会同意，信念 p 不可能有一条无限长的确证理由链。首先，我们对我们的任何信念都没有一条无限长的确证理由链；其次，即使我们有一条无限长的理由链，那也不足以确证这一信念，因此怀

---

① 比如参见 Chisholm（1964）、（1977）和（1982）。

② 邦儒在 BonJour（1976）和（1978）中均为融贯主义立场辩护。然而，最近他却在为基础主义的一种形式辩护，比如 BonJour & Sosa（2003）。基础论者和融贯论者之间更多的辩证关系，可参见 Pojman（2002），尤其是其中"确证理论（I）：基础论和融贯论"部分。哈克（Susan Haack）（1993）则辩护被她称之为"基础融贯论"的混合理论。

③ 其他无限主义的辩护者包括范特尔（Jeremy Fantl）（2003）和艾金（Scott Aikin）（2005）。这种立场在历史上的先例可以追溯至 20 世纪早期的哲学家皮尔士（Charles Peirce，1868）。

疑论就出现了。

　　一条无限的理由链不能为一个信念提供确证，这一假设与那种被用于论证上帝存在的第一因的最简单版本的假设有着有趣的相似性。根据该论证，一个对象由一条无限长的理由链导致其存在，它并没为其存在提供 *34* 理由，因此不可能有一条无限长的理由链。按同样道理，基础论者和融贯论者认为，一个由一条无限长的理由链来确证的信念就是未得到确证的；因此，不可能有一条无限长的理由链。基础论者补充到，确证的理由链不可能是循环的。这里的这种直觉类似于，理由链不可能是循环的。基础论者主张，确证的理由链必须终结于一个理由，这个理由本身不需要任何其他进一步的理由来确证，就像第一因不是由它自身以外的任何东西引起的。一些基础论者认为基础信念是自我确证的，而其他人则认为它们是不需要确证的，或者它们通过不同于信念的其他东西而被确证，例如经验，是不需要确证的［可以将这一点对照柏拉图与亚里士多德之间的争论，前者认为第一推动者是自因的，后者主张第一推动者在不需要某一原因上是独立自存的（uncaused）］。

　　自笛卡尔以来，许多哲学家致力于将我们的知识设立在一个确定的信念基础之上，他们认为通过这样做，我们的知识就会有尽可能牢固的基础。这个想法看起来是这样的，确证的削弱是由于它沿着理由链而传递下去，或者无论在什么情况下，它都没有变得更强。我们的基础信念越是得以确证，我们所拥有的那些基于这些基础信念的信念所获得的确证就会越好。有什么能比一个确定的信念更为合理（justified）呢？

　　当然，这取决于你说的"确定"是什么意思。人们可以对各种各样的事物抱有确定的态度。我知道有个人确定坠机事件会再三出现（come in threes）。安（Ann）肯定她的孩子比凯丽（Carrie）的孩子聪明，而凯丽肯定她的孩子比安的孩子聪明。有些人确信进化论为假而其他人确信它为真，等等。如果确定性只是一种感觉，那么它就不会成为我们知识的一个坚实基础，因为人们可能很确信，不过是错误的。即使他们没错，这种感觉也不能保证它。相比较而言，笛卡尔所瞄准的确定性就不单是一种感觉。它是一种状态，在这种状态里你的感觉是正确的，而不可能是错误的。你不能怀疑你的信念，不只是因为在你的心里有一些特别的东西，而是因为在那种情况下的怀疑没有什么意义。

作为我们所追求的基础（或基本）信念的特性，确定性的理想所遭受的攻击已经有一段时间了。我认为没有人会反对这一想法，即如果它是可达到的，那么确定性就会是一个有价值的目标，并且大多数哲学家或许35 也赞同，对于一定范围的信念来说它是可达到的，比如关于我们当下一些意识状态的信念，然而不幸的是，很难看到这些信念是如何足以成为我们许多其他信念的最终（ultimate）确证。但是请注意，如果你认为回溯论证表明确证理由链必然终结的话，在**那个**论证中没有任何东西要求这一链条终结于某种确定的东西。

让我们回到上面给出的选项中。齐硕姆认为回溯终结于**自我确证**（*self-justifying*）的陈述，在这样的陈述中，只有当一个人认为他知道该信念为真的依据（justification）就是它为真的事实时，这个信念才是自我确证的。给出所相信的陈述的证据就只是在重复它而已。① 因此，如果你被问及你相信苏格拉底喝毒芹（hemlock）的依据，你或许就会援引你所读到的或被教授的有关苏格拉底的东西，但是如果你被要求给出你相信**你相信**苏格拉底喝毒芹的依据，你可能只会说，"我**真的**（*do*）相信苏格拉底喝了毒芹。"你有一个信念这一事实确证了你相信你相信它。你有希望、好奇（wonder）以及怀疑的心理状态，这样的事实就确证了你有那些心理状态。齐硕姆认为，有一类重要的自我确证的信念就是关于**表象**（*appearance*）的信念——事物在你看来的方式（pp. 275ff）。例如，某物看起来是白的，就确证了你认为它看起来是白的。某物尝起来是甜的，就确证了你认为它尝起来是甜的。自我确证的信念的范围到底有多广，以及在它们的基础之上而得以确证的信念的范围可能有多广，我会把这些问题留给读者去思考。②

有没有什么基本信念不是自我确证的，但又是由信念之外的其他东西所确证的呢？普兰丁格认为一定有这样的东西。假设我清楚地记得，今天

---

① Chisholm, 1964: 273.

② Chisholm (1964: 274) 认为，那些确证自身的信念也可以被描述为既不是得以确证的也不是非确证的（unjustified）。"这两种描述模式是用两种不同的方式说相同的事情"。

早上我喝了一杯咖啡。那么"今天早上我喝了一杯咖啡"，由这句话所表达的我的信念没有确证其自身，它也不需要被其他任何信念所确证，例如"我似乎记得喝了咖啡"这句话所表达的信念。相反，喝了咖啡这样的记忆是一种经验，它直接确证了我喝过一杯咖啡的信念。这个信念是基础性的，因为它并不基于任何其他的**信念**，但它不是毫无根据的（groundless），它并非无中生有（appear out of nowhere）。

人类以这样的方式而被构成，我们的感官能力在与我们周围的世界交 *36* 互中产生那些相应地确证信念的经验。第一层次的信念就是我们能进行初次知识的传递（first epistemic deliverance）。其他类型的信念也是第一层次的，比如基于证言（testimony）的信念。当一个孩子被教授马德里是西班牙首都的时候，这个孩子相信马德里是西班牙的首都就是有依据的。尽管这个孩子因为信任老师而毫不怀疑地相信老师所教授的东西，然而他相信他被教授的东西的依据并不依赖于对一个更为基础的有关老师可信度（trustworthiness）的**信念**。他在一个信任的环境中听到老师的证言的经历确证了他的信念。普兰丁格（1984）在这一方法的运用上就非常有名，他使用这样的观察来辩护对上帝的信仰可以是一个恰当的基础信念，不过不是基于其他信念，而是以各种宗教的或证言的经验为基础。①

融贯论者则反对，说基础论者的理论不能避免随便在什么情况下就终结回溯。当然，在我们看来它似乎不是任意什么东西，但是如果我们是尽责的信念持有者，我们就需要一个理由来主张以下观点：无论是什么停止了回溯，都有其合理的属性（property），这个属性使它得以确证，并且能够将确证赋予依赖它的那些信念。然而，到底是什么会确证我们持有那样的观点呢？一些哲学家已经放弃了基础论，并且接受似乎是除怀疑主义之外，回溯论证遗留下来的唯一备选——融贯论。邦儒和莱勒都是（或者过去是）融贯论者。根据确证的融贯理论，确证理由链最终回到自身，因此确证链看起来就像这样一个大圆圈：

---

① 更进一步的论述详见 Plantinga（2000）。

A

E   B

D ← C

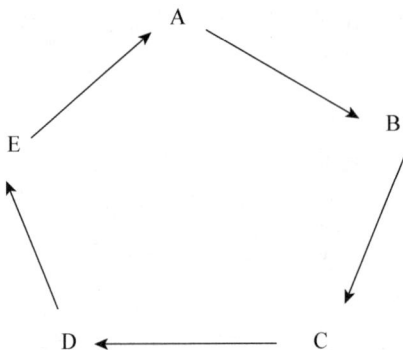

37　或者可能是像这样一个更复杂的网络：

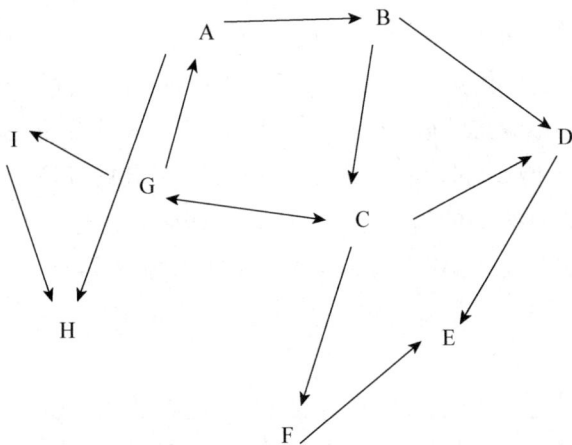

A   B

I   D

G   C

H   E

F

　　这个圆圈或者网络是融贯的，原因在于这些箭头没有中断（在这个网络中没有信念是没被其他信念所确证的）。

　　邦儒则为另一种可能性辩护，也即所谓融贯性乃是那个作为整体的网络所拥有的属性。整体主义融贯性的例子之一就是经典的英国侦探小说。一个特定的线索可能为侦探精准地得出一个特定的结论提供确证，例如，马斯塔德（Mustard）上校七点钟在图书馆，但是更重要的是，马斯塔德上校七点钟在图书馆这一信念是通过一个故事中的部分内容而被确证的，这个故事的所有构成部分都"相互契合"。使得该网络中每一个信念都得以确证的不仅仅是它与证据的某些部分相关联，而且还关乎这一事实——所有的构成部分一起拥有我们称之为融贯性的属性。正如我们所说，整个故事这样才"言之有理"。言之有理不是任何单个信念的属性，而是整个信念集合的属性。根据这个版本的融贯理论，通过放弃确证是线性的这一观点并支持一种整体主义的确证观，而避免了回溯难题。

然而，融贯性对确证来说就足够了吗？众所周知的是，理智的偏执狂们可以想出非常融贯的故事来解释他们偏执的世界观。无论你给予他们什么证据，他们都可以使其变为符合他们偏执的构想。大量融贯的信念可能因此而与世界真实的样子无关。但是这种异议并不一定使基础主义看起来更好，因为自我确证的信念可能同样与世界真实的样子毫无关联。这是因为所给出的典型的自我确证的例子是关于某人自身心智的内容，或者看起来就是如此这般的那些东西，并且这样的信念可能与我们心智之外的世界没有关系。然而，基础论者可能会同意，然后继续重申，那些通过与自我确证的信念进行确证地关联而得以确证的信念就是被确证的。融贯论者则可以做同样的事情。他们可能会赞同，尽管一套融贯的信念没有保证真理，但是如果这个问题是得以确证的，那么融贯性就是我们能够得到的最好的东西，而且它也足够好了。毕竟，回溯论证并不是关于保证的，而是关于知识所需要的确证的。 *38*

是否有任何其他选项呢？克莱因认为，基础主义使得确证依赖于一些任意的东西，在这一点上融贯论者是正确的，而基础论者同样是正确的，他们强调融贯论使得我们的确证进入循环，然而两者均不可接受。克莱因（1999）提出了他所谓的无限主义，这个理论主张，一个确证的信念是通过一个无穷序列的理由而得以确证的。按照克莱因所说，这不是一个怀疑论的结果，原因在于一个无穷序列的理由**确实**确证了我们每一个确证的信念。克莱因的意思并不是说，我们可以在我们的头脑中保存着无限多的理由，或者在需要的时候获取所有这些理由，而是说这毫无必要。

基础论者和融贯论者都认为，在一个信念持有者没有意识到（aware of）它时，一个确证的理由也能够支持一个信念。让我们看看证言。假设由于一长串可以溯源至两千年前某个人的观察的证言链，我确证地相信某个事件发生在中国古代。无论是现在还是过去我都没有意识到那条链条的许多东西，但是这并不妨碍我的信念是被确证的。现在假定这条链条不仅很长，而且是无限长。我们已经看到对于这一可能性——与有神论的第一因论证并行的一条无限长的链条——的反对的意见，但是就像这一论证的传统支持者所做的，这种可能性根本无法被排除。

如果我们接受回溯论证的前三个前提，似乎确实是我们的选择要被局限于基础论、融贯论、无限主义或者怀疑论之中。当然，我们可以拒斥其中任一前提。我们或许有许多方法能做到这一点，其中一些我们将在本章后面内容中进行讨论。

第三节　怀疑论攻击的第二阶段：笛卡尔的邪恶精灵与证据的不相关性

一、邪恶精灵

39　怀疑论失宠了数百年。在 5 世纪的时候，奥古斯丁（Augustine）曾撰文反对古代怀疑主义者，但是直到大约 16 世纪，在蒙田（Montaigne）的作品中，怀疑论才重新被哲学家们所关注。蒙田熟悉皮浪主义的怀疑论，并且在论文中时有讨论它，那些论文受到他所处时代的知识分子的高度欢迎。[1] 笛卡尔知道蒙田的作品，但是他的怀疑论形式是非常不同的。科学中发生取代太阳系的托勒密（Ptolemaic）理论的革命，这对笛卡尔造成了深远的影响。基于数学上的证据，在 16 世纪，哥白尼（Copernicus）提出地球必须围绕太阳转，但是直到 1609 年，哥白尼关于太阳系日心说的观点才通过伽利略望远镜的证据被证明。尽管有关托勒密观点的证据似乎是压倒性的，但是它却被证明为假。这导致笛卡尔认为许多流传下来的所谓科学知识是基于一个脆弱的基础，即感官知觉的基础。既然我们这么多的信念是以感官经验为基础，如果这一基础崩溃，那么我们的大多数信念也会崩溃。尽责的信念持有者应该以此为警戒。甚至即使支持一些信念的证据明显强，它也可能为假。

然而，如果笛卡尔所做的一切只是指出感官经验不足以支持科学理论

---

① 参见 Montaigne（1958），尤其是"为雷蒙德·塞邦辩护（Apology for Raymond Sebond）"这节中"人没有知识（Man Has No Knowledge）"这个部分。

的话，他就不会那么出名了。在笛卡尔的第一部《沉思集》（first *Medita-tion*）中，他提出怀疑任何不确定的信念，不是因为他提出从今以后只相信确定的东西，而是因为他认为如果他能够找到确定的某物，他就会找到一个能充当他的信念的坚实基础的某个东西。他对确定性和怀疑的著名试验如下：

> 如果假设 H 是可能的，并且根据 H 如果信念 B 为假，那么 B 就是不确定的且应该被怀疑。如果没有这样的 H，即 H 是可能的且根据 H 而 B 为假，那么 B 就是确定的。

然后笛卡尔提出两个假设，他认为这些假设将允许他去怀疑大量的当下信念，包括基于感觉经验的信念和大部分其他类别的信念，例如数学中的信念，以及有关推理原则的一些（但不是全部）信念。

在梦的假设中，笛卡尔提出，既然没有什么明确的标记来区分清醒和做梦，那么或许现在他就是在做梦。然后他大致做了如下论证：

（i）我可能正在做梦。 *40*

（ii）如果我是在做梦，那么我的许多信念就为假。

因此，

（iii）那些信念就可能为假。那些信念是不确定的，并且我应该怀疑它们。

笛卡尔之后注意到，某些东西即使在梦中也不能被怀疑，我们可以梦见动物不存在，但是即使没有这样的动物，至少也有颜色和形状，它们是我们关于动物的更复杂观念的基本构建模块。此外，在梦里我可以沿着一个论证思路（直到达到一个点）并且做简单的计算。尽管我的梦境计算器可能不可靠，但是我可以在梦中进行 3 加 5 的计算，与苏醒时做这样的计算一模一样。①

这导致笛卡尔转向一个假设，这个假设允许他甚至更广泛的怀疑，即他的邪恶精灵假说（Evil Genius hypothesis）。这一假设的推理与上面的推

---

① Descartes，1984. Vol. Ⅱ：14.

理相似：有一个邪恶精灵（EG）是可能的，这样一个存在强大到扰乱我的心智，它让我对我正在过的现实生活产生错觉，即使没有这样的物质世界，也可能从未有过这样一个世界，或者除了我自己和邪恶精灵之外没有任何其他存在。如果有一个邪恶精灵，那么不仅我的感官的信念会为假，而且我可能被许多其他类别的信念所愚弄，包括基于简单计算的信念。因而可以认为所有这些信念均可能为假。它们并非确定无疑，并且应该被怀疑。

邪恶精灵假说是笛卡尔能想到的最极端的试验。我们都熟悉这一假说的当代版本，在科幻小说中一个人带着他大脑中的植入物继续生活下去，这个植入物给他生活的错觉，而他其实根本没有什么生活。电影《黑客帝国》（*The Matrix*）就是笛卡尔假说的版本。这似乎非常极端地使我们的信念受到该试验的限制，"如果我生活在黑客帝国中这个信念还会为真吗？"但是使用这样一个激进的假说的好处是，如果一个信念可以通过该测试，我们可以有理由得出结论，它是确定的并且是无可置疑的，条件是没有其他我们未曾想到的可能假设，并且根据那样的假设该信念为假。笛卡尔认为，确实有一些信念通过了这个测试，因此它们应该成为我们整个信念系统的基础。

41　　一旦我们看到笛卡尔沉思中乐观的一面，他严格的怀疑方法看起来就不是那么不好，不过对笛卡尔进行的历史裁决，表明他试图构建所有普通信念的坚实基础是不成功的。许多哲学家认为，如果我们接受了他的怀疑方法，那么我们最终几乎无法相信任何东西。因此，笛卡尔经常遭到的责难便是，他对知识提出了不合理的严格要求，他要求对确定性的测试远远超出我们认为一个尽责的信念持有者应该有的任何东西，同时也远远超出知识的必要条件。

然而并不清楚的是，在他的怀疑论假说中，笛卡尔因对知识或者尽责的信念使用过于严格的要求而负有罪责。为了表明为何不是有罪责，让我们来看看作为知识的一个测试的邪恶精灵假说。笛卡尔声称如下：

（S）除非我知道没有邪恶精灵愚弄我，否则我不知道有一张桌子在这里。

（S）所要求的比我们通常对知识所提出的要求更多吗？我们经常说

我们不知道某物，除非我们能够区分在一种情况下它为真和在另一种情况下它为假的差异。① 我们一直在用这个测试，例如，假设你看着一个熟人并且你相信这是汤姆。但是汤姆有一个看起来很像他的双胞胎弟弟提姆（Tim），以至于如果你看着提姆，你会觉得你看到了汤姆。你知道这个汤姆吗？在一桩谋杀案的审判中，你是目击者而汤姆是被告人，陪审团可能会说你不知道。如果你不能区分汤姆与提姆，你就不知道你曾看到的那个人是汤姆。在对汤姆的审判中，陪审团所用的原则可能会是这样的：

　　（T）除非你知道你看到的那个人不是提姆，否则你不知道你看到了汤姆。

这个原则似乎使我们运用并行（parallel）原则（S）变得合理。

　　然而也许在对汤姆的审判中，陪审团只会采纳（T），倘若提姆在附近并且你看到的那个人很有可能就是提姆的话。如果你并不知道提姆当时是在北极探险，那么又会怎么样呢？似乎在我看来，陪审团会断定你可能 *42* 看到了汤姆，尽管他们会断定你知道你看到汤姆这一点依然值得怀疑。甚至即使他们或许会将你的证词作为你看到汤姆的证据，我觉得也没有理由认为他们会放弃（T）。

　　然而，如果汤姆的律师声称，因为你无法区分汤姆和他的双胞胎兄弟，后者不是存在而是可能已经存在（who does not exist but might have existed），所以你根本不知道你看到了汤姆，那又会怎么样呢？当然如果"提姆"只是汤姆可能有的一个假设的双胞胎兄弟的名字的话，陪审团就会拒斥（T）。同样，那些指责笛卡尔对知识使用了不合理的严格标准的人可能会说，既然没有邪恶精灵，同时一个邪恶精灵情境的存在只不过是一种未加粉饰的可能性，那么当汤姆没有双胞胎兄弟，且一个双胞胎的存在只是可能的时候，出于（T）为假的同样原因，（S）就为假。

　　然而不幸的是，这些情形并不相似。在汤姆的例子中，显然有办法搞清楚汤姆是否有一个双胞胎兄弟以及他可能的行踪，这些都独立于你作为

---

　　① 当苏格拉底向泰阿泰德提出，知识要求"能够说出某个记号，你所问及的那个对象通过这个记号就区别于所有其他事物"的时候（208c），柏拉图甚至将这个测试运用于《泰阿泰德篇》中的这一交流。

目击者所看到和知道的。在评估你知道你看到汤姆的证据时，可以考虑这样的背景信息。不过在邪恶精灵的假说中，背景证据本身都受到邪恶精灵假说的影响。邪恶精灵可能会变得足够聪明以使他的存在看起来极不可能，甚至即使他确实存在。根据邪恶精灵情境所预测，这样的情形**似乎**类似于在他没有双胞胎兄弟的时候看到汤姆，即使该情形实际上类似于当汤姆**确实**有个一模一样的双胞胎兄弟，并且当时他在附近的时候看到汤姆。

为了使汤姆的例子更接近邪恶精灵的例子，我们将不得不假想，没有什么办法弄清楚汤姆是否有一个双胞胎兄弟，因为所有的目击者都会发誓没有这样的双胞胎兄弟，甚至即使实际上是有的。尽管如此，这个情况也与邪恶精灵的情况不一样，因为至少我们有一种概率的背景证据，这种概率是，任何随机抽取的人都存在一个一模一样的双胞胎兄弟，但是我们根本没有存在一个邪恶精灵这种概率的证据。当然，尽管在我们看来，似乎根本不可能有这么一个邪恶精灵，但是在任何情况下它看起来好像就是这样的。这使评估这一主张——（S）的标准比知道（knowing）的普通标准更为严格——变得非常困难。我们似乎没有与它进行比较的类似例子。

也许我们认为（S）为真的主要原因是，我们都倾向于接受以下**知识闭合原则**（*Principle of Epistemic Closure*）。

　　　　如果 S 知道 p 推演出 q，那么如果 S 知道 p，S 就知道 q。

这就相当于：

　　　　如果 S 知道 p 推演出 q，那么如果 S 不知道 q，S 就不知道 p。

这就会导致出现怀疑论证的变体：**邪恶精灵闭合论证**（*The Evil Genius Closure Argument*）。

　　（1）如果我知道 p 推演出非 q，那么如果我不知道非 q，我就不知道 p。（知识闭合原则）

　　（2）我知道**在我面前有一张桌子**推演出**没有邪恶精灵愚弄我**。

　　（3）我不知道**没有邪恶精灵愚弄我**。

因此，

　　（4）我不知道**在我面前有一张桌子**。

与回溯论证相比，这种形式的怀疑论可能会更具威胁，因为它似乎使我们所有的证据都无关。即使证据的回溯问题能够得以解决，同时我们的信念能够通过证据而被确证，邪恶精灵的假说仍然会引起对证据和事实之间关系的质疑。无论一个信念的证据是多么强大，如果它在邪恶精灵的假说中为假，那么我们就不知道它。重新回到汤姆和提姆的类比，如果我不能排除他是提姆的可能性，我就不知道我看见了汤姆。

在第二节中我们着眼于基础论和融贯论作为避免无限回溯问题的方法。它们是不是也可以被用来避免笛卡尔的怀疑论呢？笛卡尔在他的怀疑方法中预先假定了基础论的立场，认为如果一个基础信念是可疑的，那么以它为基础的信念也是可疑的，同时他主张如果有任何信念幸免于怀疑论假说的测试，那么这些信念就是确定的，并且可以充当一个确证的信念体系的基础。我们都知道，有一个信念幸免于该测试，即笛卡尔的名言"*Cogito, ergo sum*"（我思故我在）。同时笛卡尔富有勇气地提出，**我思**（与少数逻辑或形而上学的原则一起）足以成为一个综合的信念系统的基础，包括大多数我们通常相信的东西，比方说一个外部物质世界的存在。不幸的是，后来的哲学家认为幸免于该怀疑论假说的东西不足以支撑一个信念系统的大厦，这个信念系统包括一个物质世界和其他人的存在。如果他们是正确的，那么怀疑论者仍然是赢家。即使有一些信念幸免于怀疑论的攻击，但是大部分没有。尽管基础论仍然有追随者，但是它回应笛卡尔怀疑论挑战的托辞已经失去生气。①

关于确证的融贯主义不能避免邪恶精灵的怀疑论，因为后者不是关于确证的，而是关于确证（或证据）和真理之间的联系。然而，不妨假定将关于确证的融贯论与关于真理的融贯论结合起来。也就是说，假定使得一个信念为真的东西就是它与一个人的其他信念相融贯。当某些信念是一个融贯的信念集合的成员时，真理就是这些信念所拥有的属性。我认为，尽管有关真理的融贯论似乎不够合理，但是它的优势在于避免我们已然考察的两种怀疑论形式。也许这会促使一些读者认真思考它。

---

①　T. 麦克格鲁（Timothy McGrew，1995）和 R. 富梅顿（2001）将笛卡尔式的方法运用于怀疑论，这是我上述主张中的例外情形。

二、否定知识闭合

我们现在转向对笛卡尔怀疑论的三个当代回应。我们先来看看邪恶精灵闭合论证的逻辑结构。这个论证的形式很简单，（2）—（4）是一个标准的**否定后件式**（*modus tollens*）论证形式。但是假如我们翻转这一论证，就像 G. E. 摩尔所做的那样论证如下。

G. E. 摩尔（G. E. Moore）反怀疑论的论证

（1'）如果我知道 p 推演出非 q，那么如果我知道 p，我就知道非 q。（相当于上面的闭合原则）

（2'）我知道**在我面前有一张桌子**推演出**没有邪恶精灵愚弄我**。（与上面的（2）一样）

（3'）我知道**在我面前有一张桌子**。

因此，

（4'）我知道**没有邪恶精灵愚弄我**。[①]

45　　就像邪恶精灵的闭合论证，这一论证假定了闭合原则，除了 G. E. 摩尔的论证使用了**肯定前件**（*modus ponens*），怀疑论的论证使用了**否定前件**。摩尔的反对者指出，上述论证不能作为我知道没有邪恶精灵的**证据**，但是摩尔的支持者可以说邪恶精灵的闭合论证不能作为我不知道在我面前有张桌子的证据。一边说我们应该从（3）论证到（4），而另一边说我们应该从（3'）论证到（4'），双方似乎都陷入了僵局。德雷茨基（Fred Dretske，1970）就认为，对于怀疑论的一个更有希望的回应就是拒斥（1）。

德雷茨基认为知识闭合原则有许多反例。怀疑论者最近使用的例子是如下相反的例子。假设你去动物园，你在一个明确标明"斑马"的笼子里看到很像斑马的动物。可能你知道它们是斑马。你也知道如果它们是斑马，它们就不是骡子伪装的。但是，德雷茨基认为，你不知道它们不是骡子伪装的。这是因为某物是一头斑马的证据不同于某物不是一头骡子伪装

---

① Moore，1959：223-226.

的证据。某物是一头斑马的证据包括这样一个事实，动物的外形和行为都像斑马，同时由动物园的工作人员确定它是斑马，并且在一个标明是"斑马"的笼子里。某物不是一头骡子伪装的证据是不同的。这可能会包括非常仔细的检查，这种动物先前被对待的方式，以及动物园工作人员如此做法背后的动机的证据。你可以很容易就拥有前一类而不是后一类证据。

与之相似，有一张桌子的证据只是它看起来是一张桌子，当你把杯子放上去它能撑住的时候，它被其他人称为"桌子"，而你没有被一个邪恶精灵愚弄的证据是你根本没有，并且永远不会有的证据。你如何能够判定是否有一个邪恶精灵存在或者你生活在黑客帝国中呢？德雷茨基继而对怀疑论证所做出的回应便是第一个前提为假。你知道在你面前有一张桌子，甚至即使你不知道没有邪恶精灵。因此（3）和（3'）为真。一般知识主张都不受怀疑论假说的影响。

读者可能会发现思考闭合原则和可能的反例是有趣的。上面的例子与闭合原则，究竟哪一个更有说服力呢？在通盘考虑这些情形时，总会存在这样的问题，即我们可能无法确定我们自己理智上的诚实。一方面，如果我们非常想成功地回应怀疑论证的话，我们可能就会拒斥那些我们否则不会拒斥的原则①，例如闭合原则。另一方面，闭合原则通过例子来得到其可信度。这并非自明的，也无可论证（not demonstrable）。同样，我们或许对闭合与拒斥怀疑论证都有些把握，在这种情况下，我们可能被 G. E. 摩尔的论证所吸引。然而，那个论证是否不只是一种信念的陈述（statement of faith）呢？

三、可靠主义

有一些哲学家认为，对怀疑论者最好的，可能也是唯一的回应是重新开始，并且改变争论知识是否可能的方式。可靠主义就是这样做的理论之一。可靠主义的动因源自 W. V. 奎因早期的一篇被称为《自然化的知识论》（Epistemology Naturalized）（Quine，1969）的论文，在这篇文章中奎

① 也即如果我们没有那种强烈的想法去成功回应怀疑论证的话。——译者注

因提出知识是一种自然现象，同时应该像我们研究自然界其他过程的方式那样在经验意义上进行研究。在第一章中我们看到，在古代和中世纪的大多数时期，知识被当作研究人的本质和世界的本质的产物，因此知识论承继于形而上学。当代自然化的知识论学者认为它承继于科学。尽管进路并不相同，但是动机是一样的。在这两种情形中，相比于其他某个领域来说，知识论都被认为更加不具有基础性，那样的领域描述了世界的最普遍的特征。

当可靠主义者把知识当作一种自然现象的时候，他们将知识论问题的焦点从主体的视角转向主体的观察者的视角。这就带来了知识论中**内在主义**和**外在主义**之间最重要的差别。假设知识是真信念 + x。大致来说，内在主义者认为 x 必须是认知者（knower）的心智可通达的（accessible）东西，而外在主义者则否认这一点。我们已经考察过的两个怀疑论证就是从内在主义的视角来表达的，因为它假定的是，为了知道 p，认知者对于她的信念 that p 必须有理由或证据。即便对一个信念的原因的想法很模糊，但是通常对它解释的方式，会要求确证这一信念的理由是主体自身可通达的。事实上，回溯论证假定主体正是将其信念建立在那些理由之上。

相比之下，外在主义者所寻求主体的信念状态或者形成信念的过程的那些特征，则可归因于其视角之外的主体。当然，其中一些特征可能是她所通达的，但是有一些却不是。如果知识是由知识科学所研究的自然现象，那么就没有理由去期待使其为知识状态的那些认识状态的特征会被主体所通达，就像没什么理由去期待使其为一只袋鼠的那些动物特征会被这只袋鼠所通达一样（that make it a kangaroo to be accessible to the kangaroo）。或者为了获得一个更接近于知道情形的对比情形，让我们来考察一下记忆。尽管记得是一种自然的意识现象，但是我们不认为一个人可以将她内心这种对已然发生的推定记忆，与已然发生的实际记忆区分开来。这就是说，将真实的记忆状态从错误记忆中区分开来的条件，并不是主体本身可以确定的条件。同样，将一种实际上知道的（knowing）状态区别于主体看似知道但并不知道的状态的条件，可能不是主体可以确定的条件。

现在你可能会回答说："好吧，当然不是，但是那只是因为知道衍推出真理,并且我们不认为主体能够区分出她的信念为真的内在记忆。不过如果信念有不同于真理的知识的附加构件的话,她就**可以**区分出来。"但是为什么会这么认为呢?我们的心理状态有很多我们无法通达的特征。或许将知道和纯粹的真信念区分开来的特征就是其中之一。你能始终觉得你动机纯良,或者思维清晰,或者没受到自我欺骗吗?如果不能的话,你也许就不能总是说,当你拥有那样的神秘特征时,它就会将真信念转化为知识。

在第五章中,我们将会检视可靠主义的难题,也是我认为要加以认真考察的问题。本章中我们所关注的是可靠主义可以被用作摆脱怀疑论的方式。可靠主义有许多形式,但是根据最简单和最明确的版本,使真信念成为知识的一个实例的东西,就是它通过一种可靠的获得真的过程而形成的。可靠的过程包括知觉和记忆,其可靠性无须在认知上被信念持有者所通达,因此可靠主义是外在主义的一种形式。戈德曼(Alvin Goldman,1979)提出可靠主义的早期版本。后来的版本在某种程度上更为复杂,它们专注于可靠的能力(Sosa,1994,1997)或可靠的行动者(Greco,1999)。大部分可靠主义者认为可靠主义的优势在于它的标准是宽松的,允许儿童和不谙世故的成年人拥有知识。能避开怀疑论被认为是它的优势之一。

可靠主义是如何避开怀疑论的呢?首先要注意的是,它似乎避免了回 *48*溯难题,因为可靠主义者否认知识需要一个命题性确证,而这个命题性确证反过来必须要有一个命题性确证。对于知识而言,你所需要的就是以正确的方式与世界相关联。所以,假设你相信你看到一朵大红色的郁金香,并且事实上你正在看着一朵红色的郁金香,导致你形成那个信念的过程就是你自己以及你所处环境的特征(feature),它们通常导致主体形成真信念。你和你所处环境都被可靠地协调起来,并且在事件发生的自然过程中,你就获得了真信念。可靠主义者会说这是它对知识的全部要求。此外,可靠主义者否认你有必要知道或者相信与邪恶精灵有关的任何东西,以便知道你正看着一朵红色的郁金香。这个可靠地导致没有邪恶精灵这一信念的过程,或许与可靠地导致在你的面前有一朵红色的郁金香这一信念的过程不一样。如果你看到一朵红色的郁金香的这一信念为真,甚至即使你对笛卡尔或其他怀疑论的攻击没有任何回应，这个信念可以是可靠地得以形成，并构成知识。

这意味着可靠主义者必然否认闭合原则吗？通常情况下可靠主义者会否认闭合，但是他们是否必须否认，或者甚至是否能够这样做，也是不明确的。可靠主义者承认各种各样的推论形式都是延展我们知识的可靠过程。因此可以认为，来自 p 与 p→q 的合取的 q 就是所有信念形成过程中最为可靠的一个。如果我知道 p 并且我知道 p 衍推出 q，我当然就知道 q。那么似乎可以说，可靠主义者承诺了闭合原则。如果可靠主义者接受闭合，他或者她仍然能够借由 G. E. 摩尔的论证而避开邪恶精灵闭合论证，同时带有闭合的可靠主义也许是接受摩尔（3'）的一个理由，但是在那种情况下，拒斥怀疑论的闭合论证的工作是来自摩尔的策略，而不是可靠主义。另外，如果可靠主义者拒绝闭合，那么拒斥怀疑论的闭合论证的工作就是来自对闭合原则的拒斥，而不是来自可靠主义。无论哪种方式，上述可靠主义避开怀疑论证的方式都不是来自可靠主义**本身**。

假设可靠主义作为一种知识理论是成功的，那么根据这一理论，我们就可以在没有回应怀疑论假设，并且无须担心无限回溯问题的情况下，拥有知识。这意味着我们已经避开怀疑论了吗？也许不是，因为可靠主义可以被作为对怀疑论的回应，仅当（a）我们事实上是可靠地关联到世界，
49 （b）可靠主义是正确的知识理论，（c）我们知道（a）和（b）。即使（a）和（b）为真，并且我们知道（a），但是根据这一理论我们知道（b）吗？从可靠主义中可以得出，我们知道该理论为真，条件是（i）该理论为真，同时（ii）我们所拥有的该理论为真的这一信念是由一个可靠地关联到世界的过程产生的。如果产生可靠主义理论的过程是一个可靠的过程，那么如果该理论为真，我们就知道它为真。但是即使似乎可以合理地认为我们拥有产生许多普通信念的可靠过程，但一个知识论理论由一个可靠的过程所产生到底有多么合理呢？当哲学家们提出新的理论时，他们会运用通常会产生真信念的推理与反思过程吗？这难道不就是个例证吗？该理论很难解释在逐渐相信一种哲学理论的情形中到底是怎么样的，并且当一个人自己创造了这样的理论时，这尤其成问题。

可靠主义似乎并没有对怀疑论者给出一个令人信服的回应，其中更深

层次的原因在于，为了回答源自内在主义视角的难题，可靠主义要求我们转向外在主义知识理论。在第一章的最后，我已经提出，哲学家如此关注怀疑主义的原因是，我们**在意**世界或多或少正是我们所认为的那样，同时如果我们在实在问题上被怀疑论情形系统地误导，我们就会有上当受骗的感觉。我们相信我们不是生活在一个怀疑论情形中，并且该信念为真对我们来说非常重要。假定那个信念对我们确实意义非凡，既然关心（caring）强行要求我们在那个信念问题上持以尽责的态度，那么这个要求就没有得到满足，倘若我们有理由认为该信念不是尽责的，或者至少不像它应该所是的那样尽责。即便确实有这样一种知识理论，根据这一理论，我们的日常信念就是知识，但这样的事实并没有解释在相信我们不是生活在一个怀疑论情境这个问题上的责任心问题。

　　还有一个相关的异议也适用于德雷茨基对闭合原则的否认。德雷茨基似乎认为只要我知道并有充分理由相信我面前有一张桌子，怀疑主义就已然得到有效回应，甚至即使他与怀疑论者一样赞同我并不知道或者有很好的理由相信我不是生活在一个怀疑论情境中。然而，如果我**在乎**我不是生活在一个怀疑论情境中的话，那么我就会要求自己在我相信我不是生活在怀疑论情境中这一问题上持有尽责的态度，同时德雷茨基否认闭合不允许我这样做。

四、语境主义

　　与可靠主义和闭合原则的否定相比，语境主义是对怀疑论的一种更新 *50* 近的回应，并且值得怀疑的是，如果可以认为前面两种避开怀疑主义的方式中任何一种完全令人满意的话，语境主义是否还会被提出。尽管对闭合的否定是一剂难以下咽的苦药，但是德雷茨基对对比情形的讨论让刘易斯（David Lewis, 1996）提出一个不那么极端的解决方案。

　　先来回想一下德雷茨基的知识情形（example of knowing）——笼子里的动物是斑马。德雷茨基主张，你无论如何都知道它们是斑马，甚至即使你没有排除它们被伪装为斑马的每一个可能情形，例如它们是骡子伪装的。因为你有它们作为斑马的相关证据，所以你知道它们是斑马，但是你不知道它们不是骡子伪装的，因为那需要不同的证据，而你并没有那样的证据。

这样的话刘易斯就会说，他认为德雷茨基获得正确的现象（phenomenon）认识，但是给出了错误的判断（p. 564）。为了知道 p，你必须消除 p 的可能情形，但只是**与一个给定语境相关的可能情形**。一般情况下，如果你去动物园，看到一个标有"斑马"的笼子，里面有看起来像斑马的动物，并且被工作人员称作"斑马"，那么你就知道它们是斑马。这里就不存在你没有排除的其他**相关**的可能性。然而，我们可以想象这样一个情形，在这一情形中斑马笼子里的动物可能是骡子伪装的。也许有证据表明，斑马死了而动物园工作人员要去掩盖这件事。或者也许没有这样的证据，但是这一可能性由参与讨论的一个人提出了。刘易斯说，在那种情况下，参与讨论的各方都不知道在笼子里的动物是斑马，因为它们是伪装的骡子这样的可能性是相关的，并且这样的可能性没有被消除。这一设想允许刘易斯在一个给定的情境中保留闭合原则，同时解释了为什么为了知道 p 而消除 p 的每一个可能情形是没有必要的。

刘易斯将知识界定如下：

> S 知道 p，当且仅当 p 在每一种可能性中会被持有，这样的可能性是未被 S 的证据消除所留下的（除了那些被我们适当予以忽略的可能性）。（p. 561）

刘易斯提出以下规则，来确定在讨论某个主体是否拥有知识的语境中，我们可能会或者不会予以适当忽略的东西。

51 **真实性规则**。我们或许不能忽略事实（truth）。如果动物园工作人员有动机去把骡子伪装成斑马，我们可能不会顺利地忽略它。如果汤姆有一个看起来跟他一样的双胞胎兄弟，我们可能不会忽略它。请注意，这是一种外在论者的规则。也许我们没有意识到汤姆的双胞胎兄弟，或者我们没有意识到动物园工作人员的动机，但是我们可能不会忽略它，甚至即使我们没有意识到它。我们对我们不能适当忽视的东西的无知（ignorance）可能会消除知识。

信念规则。无论一个主体相信它是不是对的，他所相信的某个东西不可被适当忽略。如果一个主体相信汤姆有个双胞胎兄弟，他可能不会忽略它，甚至即使汤姆没有双胞胎兄弟。如果我相信动物园工作人员有动机去把骡子伪装成斑马，我可能不会适当地忽略它，即使动物园工作人员没有这样的动机。我所相信的东西会影响我所知道的东西，即使我所相信的东西为假。

相似性规则。我们会忽略某个可能性，这一可能性恰好类似于我们不能忽略的那一个。刘易斯说，他不知道如何忽略邪恶精灵假说，因为那个可能性类似于我们不能忽略的一些可能性。如我在上面讨论邪恶精灵的可能性和汤姆有个双胞胎兄弟的可能性之间的相似性时所说，很难说这样的怀疑论情境是否真的与我们不能忽略的可能性相似，但是我会让读者对这个问题做出决定。

可靠性规则。我们有权假定我们的能力是在可靠地（或者恰当地）运行。当然，这个规则是可废止的。这里的想法是，我们可能会假设我们的能力是在恰当地运行，直到我们有理由认为它们不是。所以我们有权对我们的信念形成能力给予绝对的信任。

保守性规则。我们可能正好忽略我们周围大多数人所忽略的东西，如果我们周围大多数人忽略了斑马是骡子伪装的可能性，我们也可能会忽略。如果我们周围大多数人忽略了邪恶精灵的假说，我们也可能会忽略。

注意规则。我们不会恰当地忽略某个引起我们注意的可能性。因此，一旦斑马是由骡子所伪装这一可能出现，我们就不再会对它予以恰当地忽略。① 这意味着，与我们在课外的日常讨论相比，我们在认识论讨论语境中所知道的东西要更受限制。那是因为相比于日常生活，在知识论讨论中我们认为我们所知道的东西会有更多备选项被提出来。这就是为什么刘易斯说知识是不可捉摸的。如果你提到一个可能性，你就是没有忽略它，并且如果你没有忽略它，你就是没有适当地忽略它。因此，甚至一旦你想到邪恶精灵，那么就会消解你的知识。说来有点奇怪，如果我们想象得更少，我们就会知道得更多。这就是为什么刘易斯提出的知识定义有个重要的限定词。他实际上说的是：

---

① 原文中有"We cannot be properly ignoring something if we are not ignoring it"，经与作者讨论，她认为在翻译时可删除。——译者注

> S 知道 p，当且仅当 p 在每一个可能性中会被持有，这样的可能性是未被 S 的证据消除所留下的——嘘，除了那些我们适当忽略的可能性。(p. 561)

"嘘"后面的内容所要表达的是某种背后低语的东西，提醒参与讨论的人要注意他们考虑的备选项。

请注意，S 是否知道 p 的条件中包括那些涉及"我们"可能恰当地予以忽略的可选项。刘易斯用"我们"这一表达，意指言者与听者一起讨论 S 是否有知识，因此刘易斯的理论就是俗称的**基于归附者的语境论**(*attributor-based contextualism*)。也就是说，与一个主体是否有知识相关联的语境是由那些讨论 S 是否拥有知识的语境所决定的，而不是 S 的语境。

语境论还有其他形式则是**基于主体**的。在这种语境论形式中，语境是由主体决定的。例如，假设我们正在讨论吉姆是否知道银行在周五是下午 5：00 关门的。① 吉姆似乎记得他以前在一个周五的 4：45 去过银行，所以我们可以说，他有很好的理由相信银行 5：00 关门，所以如果它在 5：00 关门为真，吉姆就知道它 5：00 关门。但是现在假设吉姆认为他有必要在周五银行关门之前去那里。一旦我们找到他所需要的重点，再进一步考虑后我们可以说，吉姆并不知道银行开到 5：00。根据语境论的这个版本，吉姆是否知道银行关门时间的相关语境是由吉姆所在意的东西而不是我们在意的东西所决定的。然而，基于主体的语境论有一个奇怪的意涵。假定吉姆和玛丽两个人有完全相同的理由认为银行在 5：00 关门，但是如果在银行关门之前赶到那里这件事比起玛丽而言，对吉姆更加重要，那么应该是玛丽知道银行 5：00 关门，而吉姆不知道。

语境论如何回答我们在本章中已经考察的两个怀疑论难题呢？根据刘易斯的语境论，一个信念的确证理由的回溯终结于一个在该语境中不需要被确证的信念，因为各方都赞同它。当我们获得所有相关可选项已经被排除的某个东西时，我们就可直接结束我们的确证序列。大致说来，在大部分讨论语境中，尽管那一情况的发生相当迅速，但很显然，没有人能保证

---

① DeRose, 1995.

它在所有的语境中都会迅速地发生。邪恶精灵的怀疑主义与大多数讨论语境不相关，但既然它在哲学讨论中明显**是**相关的，那么当人们在阅读或思考这本书时，刘易斯的语境论形式就没有回避有关他们正在看这本书的邪恶精灵闭合论证。然而，一旦停止阅读，忘记邪恶精灵，那么相比于研究知识论时所做的事情，你会恰当地把更多知识归赋予自己和其他人！

基于主体的语境论以不同的方式回应了怀疑主义，它使得主体所在意的事物与她所知道的东西产生相关性。就像吉姆基于其日常记忆并不知道银行是5：00关门，如果说在银行关门之前到那里对他来说至关重要的话，那么同样地，如果没有邪恶精灵对他来说是非常重要的，吉姆就不知道他认为他知道的大部分日常的事情。你越不在意，标准就越低，你在意的程度增加，标准就提高，所以根据这个语境论版本，避免邪恶精灵怀疑论的方法就是不去在意什么。

很难知道语境论对尽责的信念持有者会有什么帮助。就像在你忘记怀疑论去做其他事情的时候一样，你学习知识论或看《黑客帝国》的时候，是同一个人。一旦你不再想着怀疑论，它可能就会被你忘到脑后，但是如果你始终想着它，它就永远会在那里，只有在你陷入一些相当严重的自我欺骗时，你才可能会忘记它。因此只有当你骗自己忽略怀疑论的可能性时，刘易斯的进路才允许你尽责地维持普通信念。根据德罗兹（Keith De-Rose）的进路，如果你做到欺骗自己漠不关心时，你就可以尽责地持有你的信念。即使它是对关于知识的怀疑论的一种回答，但两者中无论哪一个都不是对尽责信念的怀疑论的非常有说服力的回应。

本章中我们已经考察了邪恶精灵存在的可能性何以通过第三节第一部分的闭合论证而威胁了怀疑论。然而也可以说，邪恶精灵的情境只是让我们注意到心智与实在之间存有罅隙的可能性，这样的断裂已然潜藏于心智和世界之间的关系的共识之中。尽管我们下一章中要讨论的怀疑论的来源也是笛卡尔主义，但是它不要求我们去严肃考虑邪恶精灵存在的可能性。在我看来，我们接下来要讨论的怀疑论形式是所有情形中最难的。

延伸阅读

很多历史文献都讨论了不同形式的怀疑论以及其他怀疑主题，可参考 C. 兰德斯曼（Charles Landesman）和 R. 米克斯（Robin Meeks）主编的《哲学的怀疑论》（*Philosophical Skepticism*）（Oxford：Blackwell Publishers，2003）。高年级学生应该看 K. 德罗兹和 T. 沃菲尔德（Ted Warfield）主编的《怀疑主义：当代读本》（*Skepticism：A Contemporary Reader*）（Oxford：Oxford University Press，1999），其中就包括了本章中讨论的几种怀疑论进路，如可靠主义、语境论，以及闭合否定。对基础论、融贯论、内在主义，以及可靠主义/外在主义的有趣的考察和评论，可以参见 A. 普兰丁格的《保证：当代争论》（*Warrant：The Current Debate*）（Oxford：Oxford University Press，1993）。H. 科恩布里斯的论文集《知识论：内在主义与外在主义》（*Epistemology：Internalism and Externalism*）（Oxford：Blackwell Publishers，2001），则是由一些重要的知识论学者讨论内在主义/外在主义的论文所组成。E. 索萨和 L. 邦儒的《知识的确证：内在主义与外在主义，基础与德性》（*Epistemic Justification：Internalism vs. Externalism，Foundations vs. Virtues*）（Oxford：Blackwell Publishers，2003）是一本非常独特的著作，它呈现了一场争论，邦儒论证并辩护了内在主义基础论，而索萨则从外在主义的德性视角做了相同的工作。

第三章 心智与世界： 形而上学和语义学 对怀疑论的回应

第一节 怀疑论攻击的第三阶段：绝对实在观

在这一章中，我们将从一个完全不同的角度来介入怀疑论。第二章所提出的难题是，怀疑论似乎是某些非常令人信服的论证的结果。尽管这样的论证是很有力的，但是一旦其中的论证结构（argumentative structure）被揭示出来，我们或许就能辨识出避开其结论的路径。相比之下，我们将在本章中讨论的怀疑论威胁并不是源自论证。相反，知识的主客体之间引人注目的观念使得怀疑论的威胁随时都会出现。似乎可以说，我们需要做的就是认真思考知识是什么，以表明这可能超出了我们的把握能力。

正如第一章中所写的那样，哲学家们在知识本质问题上达成的一个共识就是，它是有意识主体与客体之间的关系，其中客体是实在的一个部分。主体寻求正确把握实在的这一部分，而这个部分正是主体所被指向的。那么，对知识的追求就是追求世界到底像什么，而不是它看起来的样子。一个更具争议的表达方式则是，我们努力知道的实在就是未被我们心智所干预的实在。用 B. 威廉姆斯的话说就是，"无论如何都在那里的那个东西（what there is anyway）"（1978：64）。然而，另一种表达相同观念的方式则是，就像它是会有上帝这一担保那样，它是有关这个世界的观念（conception）。威廉姆斯称其为**绝对实在观**（*the absolute conception of reality*，ACR）。

具体来说，威廉姆斯提出 ACR 源自关于知识的两个假设的要求：

（1）如果知识是可能的，那么它就必然有可能形成其客体的融贯观念。①

（2）知识的客体是一些独立于那个知识自身的东西，并且实际上，独立于任何思想或者经验。②

威廉姆斯的 ACR 所要表达的就是一种满足上述（1）和（2）的观念。要注意的是，成功满足这两个要求并不能确保知识，但是如果我们无法满足这两个要求，那么我们就会陷入麻烦之中。换言之，如果我们不能形成一个融贯的独立于心智的实在观，我们就会知道我们没有能够获得知识。

然而，这种心智独立的实在观还是有潜在的怀疑论危险，原因在于心智独立的实在观包含着心智及其把握的实在之间存有鸿沟的观念。鸿沟往往是可以逾越的，但是在什么样的基础之上，我们才会信任我们的心智能够构建一个依照假设与心智毫无关联的某个东西的观念呢？这里的困难并不在于我们能够论证其不可能，而是我们需要一个论证来表明它是可能的，并且我们没有这样的论证。事实上，很难看出如何可能有这样的论证来表明可以逾越那种鸿沟。因此 ACR "对怀疑主义而言有着长期的诱惑"（Williams，p. 64）。

作为**表征着**实在的心智的观念同样导致出现一个相关困难。表征无须

57 意味着镜像或复制，然而无论表征是什么，它都指的是两个非同寻常，实际上又差别迥异的事物之间的关系，也即进行表征的事物与被表征的事物。只要那样的关系出现系统性错误，那么怀疑主义的依据就会始终在那里。

是谁先想到那个绝对实在观的呢？尽管威廉姆斯认为笛卡尔应该得此赞誉（credit）③，但是在我看来，威廉姆斯所辨识的知识可能性的两个约

---

① 在我看来，威廉姆斯的第一点不能适用于否定性知识。只是因为我**无法**形成一个方的圆（square circle）的融贯观念，我就能知道方的圆不存在。

② 威廉姆斯没有否认，存在着有关某人心理状态的知识，但是那是特殊情形。

③ credit 是本书中一个重要概念，根据格雷科、里格斯以及索萨在讨论这一理论所用的语境，译为"赞誉"比较合适，本书中对 credit 一词的表达将根据需要进行适当变化，比如 credited to 就会表达为"归功于"。这个地方用"赞誉"则特别合适。——译者注

束，并不需要一个特别是笛卡尔主义的方法或者哲学观点。当然毫无疑问，真正源自笛卡尔的东西在于，将形成 ACR 的尝试与获得确定性的尝试关联起来（Williams，pp. 67，247）。这个关联是不幸的，原因是它导致我们认为，如果我们基于知识的标准——它过于严格而拒斥确定性的理想，那么我们就会因此而批驳 ACR。

　　然而 ACR 不可能这么容易就被拒斥。威廉姆斯所辨识出的知识可能性的两个约束与确定性或邪恶精灵无关，它们与无限回溯也毫无关联。从一定意义上说，它们只是澄清了我们称知识时**意味**着什么，而且如果确实如此的话，怀疑主义蕴含的潜在的东西就没有依赖对确定性、反常假设，或者回溯论证构想的怪异的不合理要求。那些东西是我们思考知识的方式所固有的。如果这是对的，在不放弃（1）或（2）的情况下，怀疑主义将很难避免。尽管很少有人会放弃（1），但（2）却饱受攻击，本章将会讨论它被攻击的某些方式。

　　在审视拒斥 ACR 的方式之前，让我们先来想一下 ACR 到底有什么吸引人的地方而让人频频想起。在我看来，人类本性的一项重要内容似乎就是努力走出我们自身。我们有内在的动力去运用我们的智慧、我们的感官、我们的情感，并付之于我们的行动，来走出自身。我们努力让我们心智之外的宇宙通过知识在我们的意识中呈现出来。当然，在大部分的时间里，呈现给我们的仅有宇宙中很小的一部分，这一部分是我们通过感官而发现的，并且我们用我们的情感和选择来对这一部分做出回应。继而为了影响外部世界，我们就会采取行动；我们尽力对这个世界有所影响。当然，我们可能在毫不理解我们正在影响什么的情况下，而产生了影响，不过我们认为世界乃是在我们感知、知道以及行动**之前**就已然存在的。事实上，我们认为世界在我们出生或其他拥有与我们相类似能力的生物出生以前就存在。如果我们把握或理解世界所采用的方式依赖于我们的心智，那*58*么这种方式就不是那种世界先在的方式。为了相信诸如爱、愤怒、恐惧、怜悯或快乐这样的情感，我们有必要弄清楚世界上存在的那些与这类情感相对应的对象究竟是什么。如果我们不能更清楚地了解这个世界，那么我们面对这个世界所表达的情感就可能被误导。对行动而言亦是如此。在试图以某种方式影响这个世界之前，如果我们没有把握到世界是其所是的样子，那么行动中的努力似乎就白费了。

世界是如何独立于心智的，如果我们能够得到一个清晰、一致的有关这个问题的观念，无疑将是可取的，然而我们或许无法获得。不过，在威廉姆斯看来，不仅 ACR 是可取的，而且因为我们已然在这个问题上取得显著进步，必定有可能实现这一目标。威廉姆斯认为，在某些领域，尤其是自然科学中观点的融合（convergence），让我们有很好的理由认为，那些观点的对象就是某种独立于心智的东西。如果很多有着不同看法的人在某个观点上达成一致的话，那么这个观点有可能就是关于独立于他们不同看法的某个东西（pp. 242–245）。尽管观点的融合不能**证明**这样的观点就是 ACR 的构成部分，但是会让我们有充分的理由认为它确实就是这样的。因此威廉姆斯认为，正是因为我们已经在建构这样的 ACR，它必然是个可能加以建构的东西。我们能够保有这样的 ACR，并且仍然可以避免激进的怀疑论。

当然，对于成功建构一个独立于心智的实在观，许多人对其前景并不如此乐观。如果他们感觉到融贯于 ACR 中的怀疑论诱惑的话，他们可能得出的结论是 ACR 本身必然要被拒斥。本章的其他内容将会考察一些有意思的拒斥 ACR 的方式。在检视我们是否应该拒斥知识对象是某种独立于心智的东西时，我们会尽量避免混淆以下立场——从我们**不在意** ACR 这一完全不同的立场出发而得出结论认为我们**无法**成功构建 ACR。一个人很可能拥有这两个立场，但它们彼此并不相同。

第二节　O. K. 鲍斯玛与邪恶精灵

让我们从鲍斯玛（O. K. Bouwsma）那篇名为《笛卡尔的邪恶精灵》（Descartes' Evil Genius，1965）的简洁而又有意思的论文开始。我把鲍斯玛的立场解释为反怀疑主义，它指向部分意义上的形而上学怀疑论与语义学怀疑论。在这一节中，我将概述鲍斯玛的论证，因为对于很多重要的反对怀疑论立场而言这都是个很好的开始，不过你仍然有必要自己去读那篇论文，它确实很有意思。

鲍斯玛的论证形式是关于一个叫汤姆的人与邪恶精灵的故事。在故事的开始，汤姆生活在一个就像你和我生活的物质世界，这个物质世界有桌子、鲜花和他心爱的米莉（Millie）。这个可恶的邪恶精灵（EG）先搞了一个不会引起特别注意的恶作剧。他把汤姆环境里的所有物体都变成了纸质的东西。汤姆的纸身体生活在一个纸房子里，米莉用纸嘴说话，并且在纸质的桌子上有纸花。然而，汤姆很快就反应过来了。他看穿了邪恶精灵所制造的错觉，并意识到一切都是纸做的。在这第一个场景中，鲍斯玛的关键在于，他要确定某个东西要成为错觉到底需要些什么。"错觉就是看起来或者听起来像的某种东西，它太像其他东西了，以至于你要么把它误会为其他东西，要么你轻易就能够理解某个人是如何才会有这样的经历。"（p.89）鲍斯玛声称，仅当汤姆能够辨识花与纸之间的差异时，纸花对汤姆而言才是个错觉。除非它是可检验的，否则没有什么东西能被称为错觉。汤姆**能够**分辨花与纸之间的不同，因此纸世界就是一个错觉，但这个错觉是汤姆所发现的。

　　随后，鲍斯玛就转到第二个场景中，EG 变得更为冒失，它甚至摧毁了纸的世界。在 EG 干预的第二天，除了汤姆的心智和 EG 自己以外什么也没有留下。EG 所干的好事汤姆并没有注意到任何不同，然而 EG 感到非常困扰。"在愚弄他人的过程中却从未被怀疑，所带来的成就感非常少。"（pp.92—93）因此 EG 在汤姆的心智中植入了怀疑的种子。当汤姆停下来欣赏花瓶中花的时候，EG 就在他的心智之耳边低语，"是花吗？是花吗？你确定吗？"在汤姆的回应中，几乎看不到什么怀疑，EG 就揭开它的大骗局。然而汤姆并没有为之所动。

　　"我的花是错觉吗？"汤姆大声说，他拿起花瓶并把它放置在镜子前。"看，"他说，"这是花，在镜子里的是一个错觉。毫无疑问是有差异的。用我的眼睛、我的鼻子以及我的手指，你就能够分辨区别到底是什么……我能将花与错觉区分开来，并且正如你现在清楚地看到的，我的花并不是错觉。"（p.94）

　　EG 沮丧地坚持在镜子前面的花就是错觉。 *60*

　　"请注意，汤姆，"它说，"镜子里的花看起来像花，但它们仅是看起来像花。我们都同意这样的说法。同样镜子前的花看起来也像花。但是你说它们是花是因为它们闻起来也像花并且感觉起来像花……设想有这样一面镜子，它不仅反射出花的样子，而且也有它们的香味和花瓣的表面，然后一旦你闻一下、摸一下它们，镜子前的花就会像是镜子里的花。这时你立刻就能明白镜子前的花是错觉，正如那些镜子里的花是错觉一样。正如现在所看到的那样，很明显镜子里的花是薄（thin）错觉，镜子前面的花是厚（thick）错觉。厚错觉是欺骗的最好形式。"（p. 95）

汤姆仍然泰然自若："我明白你的薄错觉所意指的就是我的错觉所意指的，并且你的厚错觉所意指的就是我的花所意指的。因此，当你说我的花是你的厚错觉时，这不会让我觉得困扰。"（p. 95）①

EG 现在做了全面的解释。它有一种感觉——知觉（cerpicio），汤姆则拒绝承认这样的感觉，正是这样的感觉允许它将真花与错觉所形成的花区别开来。汤姆不能知觉镜子前的花，因此镜子前的花就不是真花。汤姆回应称，他的花是否能被知觉并不重要，因为他所用的"花"的意思并不是通过他并不拥有的感觉来加以界定的。汤姆说："如果你的目的在于欺骗，那么你必须学会你要欺骗的那些人的语言。"（p. 96）

鲍斯玛得出结论，EG 对汤姆的欺骗失败了。汤姆的世界不是错觉。他正在看着花，这一信念为真，并且他没有被欺骗。这是因为我们的语词被用于指称我们经验的对象。只要经验保持相同，那么指称也是一样的。如果指称相同，那么信念的真也就是一样的。在 EG 摧毁物质世界之后，当汤姆说"那些花真漂亮"时，他所说的东西与一天前所说的东西一样，并且他所说的东西依然为真。因此，邪恶精灵假设没有导致

_____

① 我们对厚与薄的区分的理解大多从威廉姆斯那里而来，但鲍斯玛所说的厚错觉与薄错觉跟威廉姆斯提出的厚与薄的区分没什么关联。鲍斯玛在威廉姆斯之前很早就写了这篇论文。鲍斯玛的基本观点大致是这样的。汤姆和 EG 均同意有错觉这样的东西，但汤姆坚持认为如果某个东西是错觉，就必然有什么方法将错觉与真正的东西区分开来。因此镜中花是错觉而镜前花是真花，他能够触摸、用鼻子闻，并移动这些花。因此汤姆就有办法弄清楚镜中花与镜前花之间的差异。EG 则认为镜前花同样是错觉，但它们是"厚错觉"，因为它们不仅是花的表象的错觉，而且也是花闻起来的味道以及它们摸起来的那种感觉的错觉等。EG 说，厚错觉仍然是错觉，原因在于它摧毁了花。汤姆则不以为然，因为在他看来，EG 所用的"厚错觉"所意指的就是他用"花"所指代的。他说如果它看起来、闻起来、摸起来都像花的话，那么它就是花。无法检验的错觉就不是错觉。——译者注

怀疑论。

在这儿我把鲍斯玛的立场解释为部分意义上的语义学问题，其原因在于这个主张实际上是有关语词的指称，不过它也是形而上学的立场，因为在我看来，鲍斯玛所要表达的意思是，在 EG 摧毁了物质世界以后，汤姆所生活的世界与 EG 施行摧毁之前的世界相同。EG **无法**摧毁汤姆的世界。*61* 甚至即使 EG 能摧毁物质，EG 也不能愚弄汤姆，让他犯下大量的、无法验证的错误。一个无法检验的错误不是错误，根本不存在错觉。

鲍斯玛已经成功地破坏了邪恶精灵场景的核心立场吗？让我们来假设一下，我们接受鲍斯玛第二个故事表面上的内容，即 EG 真的做到了它所想做的事情。那么接下来又如何呢？

首先，我认为我们应该承认的是，比起 EG 干了那件坏事之前的那天，汤姆周围世界中的某些东西是不同的。当汤姆拥有这样的经验时，他就会将其描述为站在一张桌子前，手里拿着一只插满花的花瓶，不过这里的情形是有差异的，站在他前面的东西与一天前站在他前面的东西并不一样。这不可能是因为 EG 摧毁了一天前尚在那里的那些东西。这就意味着，如果汤姆说：

> T1　我现在看到的在我面前的东西与我昨天看到的在我面前的东西完全一样（identical）。

他所说就为假。我们是否会称之为错觉取决于我们对错觉的定义。我会称它是一个错觉，而鲍斯玛则不然，不过我认为"错觉"的含义对笛卡尔的观点具有本质性。只要汤姆所说为假，他显然就犯了错误。EG 欺骗了汤姆使得他认为 T1 为真，但事实上为假。

现在你可能会认为，没有人曾经感觉到他们心智以外的任何其他东西。甚至即使**过去**或许有一个物质世界，汤姆也可能从来没有看到它、感觉到它或者闻到它。在汤姆的心智和外在世界之间始终有一个障碍。汤姆所感觉到的东西就在他心智之中，甚至即便在他心智之外还存在一个世界。如果是这样的话，T1 就为真，并且鲍斯玛也是对的。EG 也没能通过摧毁物质世界而欺骗汤姆。

但是在这种情况下，EG 会知道那里有障碍，它甚至没有理由去尝试欺骗汤姆。如果它做出尝试的话，它不仅要失败，而且它也很愚蠢。汤姆除了自己的心智之外从来没有经验到任何东西，根据这一假设，鲍斯玛的故事允许 T1 为真，但只是因为 EG 无法理解汤姆的心智和世界之间的联系。那究竟是什么样的邪恶"精灵"？如果 EG 在有关汤姆的心智和世界之间的联系的问题上没错的话，那么如果汤姆断言 T1 他就是大错特错了。

现在让我们假设汤姆做了进一步声明：

  T2 这些花与昨天我看见的花是一样的。

62 如果汤姆的信念 T1 为假，我认为我们可以得出结论——T2 也为假。不过 T2 的真或假取决于"花"指的是什么。我们如何来确定呢？

既然我们都不能想象出知觉像什么（鲍斯玛也无法做到这一点因为他恰恰造出了这个词），那么就让我们来考虑一个运用感觉的思想实验，我们都对这个思想实验很熟悉。假设我们缺乏嗅觉，但我们世界中的所有东西都与它们现在一模一样。难道"花"指的是看起来、感觉起来（feel）像花的东西，而不是闻起来像花的东西吗？如果我们获得了嗅觉，我们会说"哇哦，花闻起来真香"吗？我认为会是这样，但是那会改变"花"的意义吗？现在"花"会指称某种不同于我们获得嗅觉前的东西吗？现在难道我们会说一种不一样的语言吗？并且在这样的语言中，对事物的定义一般意义上是通过它们闻起来的方式完成的吗？我认为不是的。

然而，我们可以让这个故事与鲍斯玛的故事更接近一些。设想一下，在二百年前发生过一场生态灾难，今天的世界上没有人拥有嗅觉，除了一个极为幸运的女人得以幸免。不妨想象这个世界的所有其他事物都是与我们现在一样的。尤其在这个世界上有花，并且人们以跟我们一样的方式使用"花"这个词，除了他们无法闻到花香。现在假设邪恶精灵进入这个场景中，摧毁所有的花，并在他们的地盘上放上高度模仿的花。事实上，这些花对真花模仿得如此相像以至于只能通过嗅觉发现它们是假的。这个有嗅觉的女人对大家说："那些不是花，它们闻起来像汽油。"有关事物闻起来会是什么样的，尽管其他人是否相信她那令人困惑的说法仍然存疑，但是如果这些人都突然获得了嗅觉，难道他们会说"嗯，我们现在明白你是对的，它们不是花"吗？这个问题很难回答，原因在于我们或许会认为，嗅觉不能检验出一个事物的本质属性；并且如果它能的话，那些属性也会被其他感觉能力所检验，因此这个思想实验并不适用于像我们这样有自然法则的世界。

　　然而，确实有这样的思想实验，它所运用的是实际发生的事情。从70年代开始，在克里普克（1980）、普特南（1975）以及其他人的著作中出现了重要的指称理论（theory of reference）。该理论的焦点之一就是像"水"这样的自然种类词（natural kind term）。在人们知道任何有关分子理论的东西之前，"水"这个词就一直在使用着，尤其在知道水是 H_2O 之前。然而，我们现在不会把任何东西当成水，除非它是 H_2O，即使有什么东西过去被误认为水。因此，即使通过某些味觉（taste）和表象（appearance）这样的可观察属性而将"水"引入英语之中，如果我们碰巧发现恰好具有相同味觉与表象的东西但又不是水，那么我们就会说，它是"错觉水"（illusory water）。这就意味着，那个在肉眼所见层面上看起来有着和水相同属性的东西并不是水，甚至在有可能检验出它不是 H_2O 之前。尽管显微镜的发明事实上并没有给我们一个新感觉，但是它延展了我们依然拥有的感觉。克里普克论证称，17世纪以后我们就有了新的、高级的方法来确定某物是否是水，但无论如何那也没有改变"水"这个词的意义。"水"通常指称那个东西，那个东西的本质是什么却对任何一种研究路径开放。我们认为，分子结构是那个东西的深层本质的一部分，因此水是 H_2O 这一发现就相当于发现了我们一直以来在谈论的那个东西的本质。

　　现在让我们看看鲍斯玛的想象性知觉。如果确实有这么一种像知觉一样的东西，并且被我们称为"花"的东西没用通过知觉测试，那么我们还会认为它们事实上不是花，就像我们现在会说，任何不是 H_2O 的东西事实上都不是水吗？我认为我们会说，仅当我们同样认为通过知觉测试的东西才被关联到花的深层本质时，才会如此。但是我们凭什么这样认为呢？我们认为，水的分子结构就是其深层本质的一部分，因为分子理论的发展允许我们形成物质世界的观念，根据这样的观念，分子结构构成普通感觉属性的基础并且解释它们。因此，显微镜运用允许我们对水的日常观念做出更精准的把握。知觉是不一样的。我们不仅缺乏这样的感觉，而且因为它可能与人类本质不相容，我们确实不应该有这样的能力，因此对于我们而言，基本不可能让我们知觉运用的结果适应于我们有关水的日常观念。如果知觉揭示了花的深层本质，那不可能是因为我们自己的未来科学会让我们得出那个结论。

我们是否能够获得**知觉**能力（sense of *cerpicio*），这到底会造成什么差异呢？只要 EG 介入之前或之后的话知觉起来有所不同，甚至即使汤姆并没有检验出来这样的区别，在它们之间当然也会有**某种**重要的区别。然而，鲍斯玛能够修正其故事以强化他所论证的情境。假定在语言被发明之前 EG 就毁坏了花。设想一下，当只有花的影像时，"花"才进入了语言，因此汤姆一直生活在一个影像世界中，而不是物质世界中。我对此的异议就是，T1 与 T2 为假，不过这个异议并不适用于修正后的故事，而且鲍斯玛对 EG 的回应将会更强。

不过需要注意的是，在修正后的故事中，EG 将会知道像汤姆这样的未来人将会永远生活在一个影像世界中，因此在修正后情境与物体并不存在的世界之间没什么区别，后者始终是一个影像世界。在关于这个世界他到底相信什么这个问题上，汤姆在两种情形中都会受到欺骗，不过 EG 并不会因为汤姆的错误而获得什么赞誉。当然，这并不意味着怀疑论者在论证中遭遇失败。它只是表明，在 EG 到底做了什么这一点上怀疑论不会带来什么真正的麻烦。它担忧的只是我们的经验世界事实上到底是什么样的。或许我们生活在一个影像世界中，又或许我们过去一直如此。如果我们接受 ACR，并且不存在什么"无论如何都在那里（there anyway）"的东西，我们就将在错觉中生活。

由于心智和我们努力了解的世界之间的鸿沟，ACR 使怀疑论颇具威胁性。尽管笛卡尔认为可以通过关注心智自身的特征来弥合这样的鸿沟，但是大多数后来的哲学家都认为他是不能成功的。贝克莱（George Berkley）则从另一端消除了这个鸿沟：他主张我们所认识的世界位于我们心智之中，这是一种形而上学**观念论**的立场。观念论者否定了 ACR 的第（2）个条件，并且接受观念论的最具说服力的理由就是它避开了 ACR 的怀疑论威胁。

可以把鲍斯玛解释为一个贝克莱式的观念论者。鲍斯玛不否认物质世界的存在，但他为指称论加以辩护，而根据这一理论，我们的语词指称了当下经验的对象，而不管我们的心智之外是否有个世界。在 EG 毁坏这个物质世界之前或之后，汤姆所指称的都是同一个东西，这就是这个问题上争论的焦点所在。鲍斯玛的立场并不会必然导致他做出观念论的承诺，原因在于他的立场与外在物质世界的存在是相容的，然而，如果确实存在这样的一个物质世界，我们不会用我们的语言来指称它，其存在就是多余的。在我看来，这是为了避免怀疑论而付出的高昂代价。不过，观念论在哲学中有其辉煌的历史，它避免怀疑论的方式正是其魅力之一。

在下一节中，我们将关注另一种利用语义学来反对怀疑论的方法。

第三节　普特南与缸中之脑

让我们回到普特南和克里普克的自然种类词理论中。在普特南著名的 *65* 论文《"意义"的意义》（The Meaning of "Meaning"）中，他认为有关意义和指称的两个常见假设不能同时为真：（i）一个词的指称由其意义来决定，同时（ii）意义在头脑中。[1] 他所反对的一种简化版大致是，像"榆树"这个类词（kind term）的意义就是摹状词（description），在这种情况下，它就是榆树的摹状词；当一个人掌握"榆树"的意义时，在其头脑中这个人就拥有了那个摹状词。当她说"榆树"时，她所指称的就是满足那个摹状词的任何东西。

普特南著名的思想实验旨在表明这不可能是它运作的方式。在一个例子中，普特南表现出他无法区分榆树和山毛榉。换言之，在他的头脑中，与"榆树"相关联的摹状词，恰好与那个关联于"山毛榉"的摹状词完全相同。但是很显然，他能够成功地指称榆树，以及山毛榉，并且他能够成功地形成关于它们的信念。比方说，他或许会相信他家附近的榆树快要死了，原因是他在地方报纸上读到了这个消息，他就不相信山毛榉要死了。意义不决定指称，或者就像普特南所说，"意义不在头脑之中"。这个思想实验所蕴含的东西就是，因为他依赖于其他**能够**将榆树与其他树区

---

[1]　Putnam（1975）. 也参见 Putnam（1981），尤其是第一章"缸中之脑"。

分开来的人，普特南成功实现对榆树的指称，因此指称具有社会维度。普特南指称了榆树，原因在于他通过一个向他人核实这样的因果过程而与榆树关联起来。

根据普特南的看法，有一点很重要，那就是当普特南说"榆树"的时候，事实上在因果关联的另一端存在榆树而不是其他什么东西。他的"孪生地球"思想实验意在让你相信这一点。假设有这么一颗类地行星，除了那个看起来像水的东西的化学构成不是 H_2O，它在孪生地球上并不存在，而是另外其他什么东西，我们可以称其为 XYZ。在孪生地球上，"水"将会指称 XYZ，而不是 H_2O，甚至即使孪生地球人心智之中的观念与地球人心智中的观念完全一样。也就是说，孪生地球人会跟我们一样拥有相同的观念，比如无味、无色的液体，它可以饮用，并且在湖泊、河流中随处可见，因此当他们思考"水"的时候，他们的心智状态与我们一样，甚至即使他们指称了他们所处环境中不同的东西。如果这一点正确的话，头脑中的观念无法决定世界中的指称。

普特南的这篇论文以及其他发表在差不多相同时间的论文开启了一场**心智哲学中的外在主义运动**（不要与第二章中讨论的知识论中的外在主义相混淆）。① 它之所以是外在主义，原因在于概念内容是由某种外在于心智的东西所赋予的，而且语言指称世界中的对象的方式并非由心智之中的什么东西所决定。头脑中的思想本质上没有指称任何东西。它们指称是因为指称者有能力指称，这样的能力是通过因果过程而获得的，通过其语言共同体这样的过程将她关联至她正在指称的那个东西。如果没有你能够进行因果关联的水在那里，你就不可能拥有关于水的思想。当他们都说到"水"的时候，孪生地球人指称 XYZ，地球人则指称 H_2O。

普特南运用他的外在主义语义理论来反对笛卡尔怀疑主义。

普特南反对怀疑主义的论证如下（Putnam，1981）：

（1）假定我是一个缸中之脑，一个搞恶作剧的科学家正在刺激我，

---

① 这些有影响力的论文包括，Putnam（1975）、Kripke（1980）和 Burge（1979）。自那之后，又出现更多有关外在主义的论文，如 Dretzke（1995）、Tye（1995）和 Brueckner（1992）。

让我思考我看到了树，尽管我从没有看见过树。我与物质世界没有任何接触。

（2）那么我的"树"这个词并没有指称被非缸中脑的人（non-vat people）称为"树"的那个东西，相反，它指称的是任何被科学家用来刺激我并让我思考——"这里有一棵树"的东西。在我的头脑中，"树"指称树的影像或电子脉冲，或诸如此类的东西。无论如何，它都无法指称物质意义上的树，因为我与这样的树没有因果关联。正如孪生地球的居民思考"水"的时候，他们指称的是 XYZ，而不是水，居住在缸中的人想着"树"时，他们所指称的是除树之外的其他东西。

（3）所以，我不能用"树"这个词来形成科学家会通过说我从没看到过树所表达的思想。与之相似，我无法用"实物"（material object）这个词来形成我从没有看到过实物这一思想，我也不能用"缸"这个词来形成我可能是缸中之脑这一思想。科学家跟我一样，都在运用不同的语言。我用缸中的语言，科学家用的是英语。

（4）所以，如果我是一个缸中之脑，我的"缸"这个词将不会指称缸（被科学家称为"缸"的东西），相反它指称的是缸的影像或电刺激，正是后者让我产生那个影像。如果我认为，"我可能是缸中之脑"，那么我的想法将为假。

（5）因此，怀疑主义立场是不可能的，因为如果它（"我是一个缸中之脑"）为真的话，它（我的思想）就为假。指称的条件允许我们形成以下思想，也就是或许根本没有树，或者仅当它不为真的话我们就是缸中之脑。

让我们先看一下以上论证的第（2）步。你可能反对，不妨假设普特南的外在主义是正确的，既然缸的设计者处于产生树的影像的那个因果链之中，并且这个人已经看到过真树，那么真树就处于产生我（缸中居民）的"树"这个词的因果链中。这一点同样适用于我的指称表达的其他内容，包括"脑""缸"。然而，普特南会回应说，在缸中，物体并不以合理的方式处于因果链之中。让我们这样来想这个问题。如果上帝创造了世界，并且他头脑中有某些想法，他用这些想法作为他创造那些东西的模型（pattern），我们不会说我们的语词指称上帝心智中的那些。与之相似，如果那个有恶意的科学家将你放在一个缸中，创造出你头脑中的树、脑、缸以及其他物体的影像，我们就不应该说，你的"树"与"脑"以及"缸"这些词，指称科学家用作他在你心智中产生的那些影像的模型。当然，这样的回应并没有告诉我们所谓以合理的方式进行因果关联到底需要些什么东西，不过它表明，如果你接受其外在主义语义理论，普特南对缸的指称所做的解释在直觉上非常有力。

68　　　然而，需要注意的是，如果我们只是最近才被泡在缸里，普特南的解释似乎没有给出一个反怀疑论的结果。这是因为如果我是在我正处于物质世界中的那段时间习得并运用我的语词的话，我的"缸""脑"等词的指称将会指向物理上的缸与脑。我在上文中曾经提出，如果 EG 在我学会语言之前就摧毁了物质世界的话，鲍斯玛的论证会更有意义，并且因为相同的理由，如果物质世界从未存在过，它似乎更加合理。似乎对我来说，如果我是最近才被泡在缸中的话，普特南的论证也会更加强硬。事实上，我认为，他的论证用作反对那样的可能性，根本不合理。普特南的论证与鲍斯玛的论证在其他方面可以如何进行比较呢？两者显然都依赖于一种指称观念，尽管鲍斯玛的语义学立场没有完全表述出来。鲍斯玛主张（不过在我看来这一观点在那篇论文中并没有进行论证），一个词的指称本质上被连接到心智中的事物（items），因此要么物质世界根本不存在，要么物质世界是多余的，因为它超出我们的经验范围之外，并且它并不是我们所谈论的那个世界。鲍斯玛将会拒斥威廉姆斯所描述的并被归赋给笛卡尔的那个 ACR。那么鲍斯玛对笛卡尔的回应就会是拒斥知识对象是独立于心智的这一观点。我认为，鲍斯玛的立场并不意味着我们**不能**形成一种独立于心智的实在观念（即 EG 所经验的那种实在）。毕竟，鲍斯玛自己构造出那个故事，并且他必定会将其自身视为能够想象 EG 的困境。不过鲍斯玛故事中的关键在于，它不是一种有关人类知识对象的观念。

　　　鲍斯玛没有否认意义位于头脑①之中，他也没有否认像"花"这样的词决定了指称。然而"花"的指称同样在头脑中。相比之下，普特南则主张，如果一个词的指称并非由意义所决定，那么无论是指称对象（ref-

_____

　　① 这里的头脑与"心智"同义。——译者注

erent）还是意义都在头脑之中。知识对象独立于心智，但是某人所拥有的概念的内容也会如此。这是一种非常有意思的拒斥 ACR 的方式。知识对象并非独立于知道的状态（a state of knowing），但那不是因为知识对象处于头脑之中，而是因为不管知道的对象还是某人思想的内容都是外在于心智的。

　　ACR 显然对怀疑主义形成了威胁，因为它将心智与世界分离开来了，因此它提出的问题不仅涉及我们思想与经验之间的关系，而且涉及我们的　*69*
思想与我们试图认识的世界之间的关系。通过将世界移至心智之中，观念论者就弥合了心智与世界之间的鸿沟。知识对象就是一个经验的世界，这里的经验被理解为某种存续在心智中的东西。通过将很多心智内容移至世界之中，普特南弥合了心智与世界之间的罅隙。我们正在思考、经验的东西并不是某种存续于心智中的东西，相反至少从部分意义上说，它是存续在世界中的东西。通过质疑心智与实在的观念，两个进路都试图限制怀疑论，而这两个方面在怀疑论情境中都有预设。

　　普特南的语义外在论避开怀疑主义了吗？内格尔（Thomas Nagel，1986）认为，即使普特南的论证是合理的，并且在缸中所用的像“缸”“脑”这样的词未能指称缸与脑，普特南也没有成功避免怀疑主义，因为所有怀疑论者都有必要以其不同的方式来表达怀疑论。他可能会说：“也许我甚至不能**思考**关于我是什么的真理，因为我缺少必要的概念，并且我所处的环境也让我获得这些概念变得不可能。”内格尔的结论大致是，如果那还不是怀疑主义，他就不知道什么才是了（p. 72）。

　　我认为内格尔的反对意见揭示了一个重要的途径，怀疑主义的怀疑正是借此得以免受到普特南、鲍斯玛以及观念论者所提建议的影响。与笛卡尔的怀疑主义关涉邪恶精灵相比，怀疑主义并没有更多涉及缸中脑。问题在于，我们的经验能够相容于各种超出我们的想象的不同种类的存在。我们可能是佛教徒自身，或者是世界灵魂的一部分，或者是任何其他不确定的什么东西。同样，被我们称之为世界的东西有可能与我们所能想象的任何东西有非常大的差异。怀疑主义给我们的真正教训并不是，我们有可能是**某种特定的**非人类的存在，或者人类正在被某种方式操控，而是说我们可能显著地不同于有关我们是什么，以及世界到底是什么样的那些常见理解。这种可能性就是我们应该严肃对待的东西，因为在这个意义上确实**存在**怀疑论者可以发挥的空间，然而没有人相信她是缸中之脑。不过需要注意的是，这对普特南而言却算不上是一个公正的反驳，原因在于普特南将其自身视为回应笛卡尔主义的怀疑论者，而后者所假定的是，我们**能够**形成有关我们是什么——缸中之脑或者诸如此类东西的思想。

对我来说，用概念外在论来回应怀疑论者似乎还有另一个问题。普特南去除了隐含在 ACR 中的思想与实在之间的帷幕，但是他又用帷幕遮盖了心智对其自身思想的通路（access），这有可能是一种更加糟糕的怀疑主义。① 我说"我附近的榆树要死了"，当我思考我这一表达中的思想时，我思想的内容由我心智之外的树所决定。我的"榆树"一词的指称对象与我所拥有的有关榆树的思想均独立于我的心智。应该有这么一种情况，当我思考榆树正在死去时，我并不知道我在思考什么。与之相似，如果我是个缸中之脑并认为"我可能是个缸中之脑"，那么普特南会认为，我所拥有的思想与我们都接受这样的可能性时你与我所拥有的思想并不相同。不过在缸中我所拥有的思想是有关我大脑中缸影像或电子脉冲的思想，而不是有关大脑与缸的思想，我的意识无法通达这一事实。因此，当我认为"我或许是个缸中之脑"的时候，我并不知道我到底在思考什么思想。我是在思考有关大脑与缸的思想呢，还是在思考有关大脑影像和缸影像或者某种完全不同的东西的思想呢？我避开有关真理的怀疑论的代价，就是又得到了有关我自己思想的怀疑论。

一个尽责的信念持有者应该怎样去考虑怀疑论呢？我在第一章中就主张，我们要致力于尽责地相信我们所在意的东西，因此如果我们或多或少就是我们认为我们所是的那样，并且世界或多或少就是我们认为它所是的那样，而且这一点对我们而言很重要的话，那么我们就应该致力于拥有关于我们之所是、世界之所是的尽责的信念。我同样认为，我们在意的越

---

① 博格西安（Pau Boghossian, 1997）与麦肯锡（Michael McKinsey, 1991）均论证过心智内容外在论与某人当下心智状态的第一人称权威的不相容。伯奇（Tylor Burge, 1988）、麦克劳林与泰尔（Brian McLaughlin & Michael Tye, 1998）以及黑尔（John Hei, 1988）以及其他人则主张两者是相容的。

多，我们就必定会越加尽责，并且要求我们尽责的要求就越多。某些对怀疑主义的回应事实上是回应了有关知识的怀疑主义。也就是说，有鉴于可靠主义或语境主义或者对闭合原则的否定，我们没有必要为了知道大部分我们认为我们知道有关我们自身和世界的东西，而**知道**我们不是缸中之脑。

不过正如我们已经看到的那样，怀疑主义所威胁的不仅仅是知识，它威胁了尽责的信念。尽责信念的标准与知识的标准不一样。拥有尽责的信念并不必然比拥有知识更为困难。实际上，至少从某种意义上说，拥有前者比后者要更加容易，毕竟知识要求真信念，而尽责的信念则不是。然而信念或许会满足知识的某些标准，但尽责的信念又不是。在第二章末尾，我提出，即使语境主义、可靠主义或者否定知识闭合回应了怀疑主义对知识的威胁，这些立场作为回应怀疑论对尽责信念的威胁也没有太多合理性。在本章最后一节，我将会回到认识上尽责的人，并来考察一下尽责信念与自我信任之间的关系。

第四节　怀疑论、自我信任与尽责的信念

人类有很多特别的能力和才能，我们才能够得以尝试与世界进行关联。除了知觉与知识能力之外，我们还有情感，我们出于特定的目的做出选择并采取行动。尽责的人会努力施行这些能力和才能，进而与世界形成准确的、恰当的关联。因此，我们不仅会努力拥有准确的知觉和真信念，而且我们还会致力于拥有恰当的情感，比如钦慕值得钦慕的对象，害怕令人恐惧的东西，怜悯让人遗憾的人与事，等等，而且我们还会去选择那些好的东西，并且以适当方式采取行动，成功实现与具体情境相适应的目标。在最为宽泛的意义上，做到尽责就相当于是尽可能使我们能够做到的知识关联更为恰当，这意味着我们努力形成真信念，并且我们努力拥有真信念。

正如我们在第一章中所看到的，这两个目标并不一样。这两个目标都被包含在认识的尽责之中，因为有两种方式使我们无法通过我们的信念形成能力而关联至实在。一是我们可能通过假信念而关联至错误的对象，二

是我们可能不是通过拥有信念而未能实现关联。在第一章中，我提出我们致力于在我们关心的领域中拥有尽责的信念，在道德领域中也该如此，这个领域中关心（caring）不是选择性的。我们致力于确保我们在这些领域中拥有的信念都为真而不是为假，并且致力于获得这些领域中的真信念。

72　　怀疑主义者声称，我们应该怀疑我们自己的很多信念，包括我们所关心的领域中的那些信念。怀疑 p 是一个心智状态，它会破坏一个尽责之人相信 p 的动机。我们前面考察的怀疑论证意在向我们表明，我们要么应该放弃，要么应该弱化我们相信我们自己很多信念的程度。如果怀疑论证成功向我们表明这些信念可能为假，那正是更应该做的尽责之事。然而在从信念转向怀疑的过程中，我们要么从相信什么为真转向怀疑，要么从相信什么为假转向怀疑。如果是前者的话，我们就失去了与实在的恰当关联。如果是后者，我们就从一种未能关联至实在的方式转向另一种。相信什么为假就是一种未能关联至实在的方式，怀疑则是另一种。在我们从这一角度考察怀疑时，怀疑或许并不是尽责的认识立场。

不过怀疑可能是对假信念的认识改进。这是因为怀疑通常都是位于相信何为假与相信何为真之间的一个阶段（stage），从假信念转向真信念通常都要经历怀疑。但是如果一个人陷在怀疑这个阶段又该怎么办呢？那或许仍然是个改进，原因在于她至少不会根据假信念来采取行动。不妨回忆一下克利福德的船主故事，他让他那艘船满载新移民扬帆出海，毫无证据地相信他的船适合航行。这个信念为假并且船沉没了，但是如果船主曾经怀疑过其信念，他大概就会较少倾向于让他的船走上不归途。一个尽责的人会对其行为的潜在后果拥有尽责的信念，并且在这个后果可能很严重时不会依照并非尽责持有的信念而行动。因此一个有怀疑的人或许比没有怀疑的人更为尽责。

不过怀疑也可能破坏尽责之心。既然行为取决于信念，那么做不到尽责地相信的话我们就无法尽责地采取行动，并且如果我们不相信的话就不可能做到尽责地相信。如果怀疑论者是对的，那么我们就不能相信我们的知识能力，并且我们也不能相信我们其他的能力。如果我们不能相信我们的信念为真，那么我们如何相信我们害怕的、爱的或怜悯的东西是值得我们害怕、爱或怜悯呢，我们如何根据任何正确的标准——上帝的标准、我们族群的标准，或者甚至是我们自身的标准，来相信我们的选择是正确的呢？如果我不能信任我所持有的关于外在世界的信念为真，我就无法相信我所持有的关于什么才是值得选择的对象的信念为真。而且，如果我不相信我所持有的关于什么才是值得选择的对象的信念为真，那么我为什么要选择我所选择的呢？

同样思路可以适用于有关什么才是情感的合适对象的信念。如果我无法相信有关我所钦慕的对象的信念为真，我为什么应该钦慕那些我所钦慕的人呢？因此，如果我们对有关信念的怀疑主义有什么理由的话，那么我们对有关情感和选择的怀疑主义同样也有理由。像信念一样，情感与选择也是关联至外在世界的方式，并且对世界的存在或本质的怀疑将会影响我们情感和选择的恰当性或正确性。既然怀疑主义通过损毁信念而破坏了尽责的信念，怀疑主义同样会通过损毁行为、情感和选择的基础来破坏尽责的行为、情感和选择。

通过损害正常人使用的信任和选择的能力，怀疑主义破坏了人的能动性。我所假定的是，一个尽责的人不允许她的能动性遭到破坏，但是我们或许并不清楚如何回答怀疑论者的论证，而他们的论证，如果非常严肃地来看的话，将会导致对能动性的破坏。如果对我们自身能力的普遍可靠性没有实质性的信任的话，那么我们不可能过上正常的生活，更不用说幸福的生活了。这就意味着我们必须拒斥怀疑论，不管我们是否接受已有对怀疑论的回应的充分性。然而，我们必然比这一点走得更远。即使我们认为我们对极端怀疑论有着充分的回应，但是那并不足以给我们的正常生活提供什么认识上的支持，因为在怀疑论的拒斥与肯定性论题（positive thesis）的确立之间仍然存在巨大的鸿沟，后者指的是我们的日常能力一般都会以准确的或恰当的方式将我们与实在关联起来。因此，即使我们认为我们相信我们并没有生活在虚拟现实机器中是得以确证的，那也完全不同于让我们相信为过上好生活所需要的各种各样信念。

我们将永远无法获得证据表明我们人类能力通常会将我们与实在进行恰当关联。根本不可能获得这样的证据。我认为，这意味着自我信任的需求出现在一个理性行动者生活的最基本层面。然而自我信任对尽责之心而言并不是充分的，因为尽责之人的能力的运用向她表明尽责相信与选择

74 的优势。她发现，尽责之人比那些不尽责的人会更加频繁地纠正一些事情，这里尽责与不尽责的人的辨识，以及他们做什么和是否纠正一些事情的观察等，都是通过尽责地施行其自身能力而做到的。从一个尽责地运用其能力的人的角度看，尽责之人比不尽责的人更为可靠。相较之下，不尽责的人甚至从其自身角度来说也更为不可靠。在第四章中我们将会转向尽责之人的德性与自我信任的意涵。

我对怀疑主义的回应就是，就像我们一开始严肃对待它一样，我们有相同的理由拒斥它。怀疑主义源自相信心智与世界之间存在鸿沟。尽管我们并没有对这个信念加以论证，但它是自然而然的结论。同样，可以很自然地相信这样的鸿沟能够被弥合。我已然论证过，那个信念是合理的，并且因为我们都有那样的信念，我们才需要自我信任。允许理性（reason）去妨碍我们的天性是不合理的，在这个意义上说，自我信任是合理的。如果有人能足够严肃地对待怀疑主义，允许怀疑主义影响其自身对各种各样信念、情感以及行动的信心，那么这个人就会允许理性妨碍她的天性。如果运用理性并没有向我们表明对无限回溯论证或笛卡尔怀疑论做出了令人信服的回应，那么对一个人而言出现前述情形就是不合理的。

对怀疑主义的这一回应不适用于另一些怀疑论者，他们的那种怀疑论允许他们过上正常的、幸福的生活。上文中我发现怀疑主义并不真的是关于缸中之脑的，它是关涉一种可能性，即我们是什么以及世界或许像是完全不同于我们所认为的那样。因此，一个佛教徒会相信一种日常的可分离自我观念是个错觉，并且大部分我们平时所相信的东西都是错觉，因此作为一个相信缸中之脑假设的怀疑论者，他对自己以及这个世界也会持一种完全怀疑的态度。不过不像缸中之脑怀疑论者，这样的佛教徒不**仅仅**是对日常信念的怀疑论者。他有很多关于世界以及自身的真正本质的信念，并且一个基于佛教信条的生活有可能是幸福的，有时会比建立在关于自身与世界的常识信念基础之上的那种生活更为幸福。

自我信任是合理的，我的这一主张可能同样不适用于皮浪主义的怀疑论者，这些怀疑论者认为无须做出判断是件好事情。我不知道是否有这样的皮浪主义怀疑论者，但是可能会有。皮浪主义怀疑论者是个能动者吗？她是依照理由而行动吗？她会为未来做出选择或制订计划吗？我想象不出如果一个人没有做出判断的情况下，又如何能够过上正常的、幸福的生活，但是如果这确实可能的话，那么我的立场就不构成对这样一个人的怀疑论的反对了。

怀疑论者针对我的论证还可能构造出另一个回应。她或许会同意，认识上的自我信任对于一个认识上尽责的能动者而言具有心理必要性，相反对于一个或更多怀疑论证来说否定这种自我信任则是认识上尽责的。然而，认识上尽责之人只是说一个人的信念是由认识的权衡考虑来激发的，包括那些由怀疑论者提出的信念也是如此。如果认识上尽责的行动者接受信念 p 在认识意义上是不尽责的，那么她相信 p 的动机就会被破坏。她不可能继续相信 p 而与此同时她又接受怀疑论证成功地反驳了相信 p 在认识上的尽责。她可能承认面对他人时认识上的自我信任具有心理必要性，但是就接受怀疑论者的论证而言，那样的心理必要性并不适用于她自身。如果她可以的话，她必定是个皮浪主义怀疑论者，或者她必定会拒绝认为怀疑论者的论证成功地反驳了其信念在认识上的尽责性。

我将细察我在运用认识上尽责这一观念时所蕴含的特性，并以此结束本章的讨论。我一直将信念方面的尽责与行为方面的尽责视为可进行比较的。我假定，我们能够做到在信念方面的尽责，这一点意味着我们必须有足够能力去控制信念的获得和修正，它们是面对各种情形所带来的警示时做出的回应，比如胡言乱语，相信克利福德的船主的信念持有方式，过于郑重其事地对待怀疑论以至于破坏了我们过正常生活所必需的那种信任等。这意味着我设定了一种充满争议的立场——**信念意志论**（*doxastic vol-untarism*），这一观点指的是我们的信念处于我们控制之下。很显然有些信念并非我们能控制的，其他一些信念只是我们能间接控制的。我认为我所运用的模型没什么坏处，只要我们意识到我们夸大了我们对自身信念的控制，因为一个对她自身信念完全控制的生物（being）要做的事情会告诉我们某个重要的东西——一个对其自身信念具有较少控制的生物应该做什么。对自身的信念能够完全控制，这样的完美的尽责之人是一种理想，这里并不是在我们想要成为这样的人这一意义上说的，而是说如果可以的话，这会有助于我们更清楚地知晓像我们这样的生物应该做什么。在认识上做到尽责是可能的，并且一个认识上尽责之人从认识意义上说，会有更好的生活。似乎对我来说，一个认识上更好的生活有可能就是更好的生活、更好的阶段。我们会在最后一章讨论这个问题。

76　　究其本质而言，我们拥有的很多欲念都是对知识的欲求，想要获得幸福、爱，以及不受控制、因为某些对象而恐惧的自由。在我们对知识、真理和其他知识之善的天生欲求的满足上，怀疑主义是永久性的信念缺失。我们并没有保证我们天然的知识需求能够得到满足，我们同样不保证我们其他天然的需求能够被满足。"我们想要什么与我们能够获得什么"，事实上这个问题在知识论中与在伦理学中并没有什么不同，然而通过探究人类的本质才能对该问题做出最好的回答。

延伸阅读

　　尽管本章中讨论的那种怀疑论会是很多知识论著作的一部分，但知识论教材通常不会直接讨论这个问题，原因在于它与形而上学领域是重合的。最好的做法是从阅读一手文献开始，包括威廉姆斯的《笛卡尔：纯粹探究的方案》（*Descartes*：*The Project of Pure Enquiry*）（Atlantic Highlands, NJ：Humanities Press, 1978）和鲍斯玛在其《哲学论文集》（*Philosophical Essays*）（Lincoln：University of Bebraska Press, 1965）中的文章《笛卡尔的邪恶精灵》（*Descartes' Evil Genius*）。本章话题在讨论从笛卡尔直至康德的现代著作，以及后康德主义观念论中都可以找到。R. 艾瑞（Roger Ariew）与 E. 沃金斯（Eric Watkins）所编的《现代哲学：一手文献选集》（*Modern Philosophy*：*Anthology of Primary Sources*）（Indianapolis, IN：Hacket Publishing Co., 1998）包含自早期现代哲学家以来的一系列的经典论文。怀疑主义的语义学进路可以在 K. 德罗兹与 T. 沃菲尔德所编的《怀疑主义：当代读本》（*Skepticism*：*A Contemporary Reader*）（Oxford：Oxford University Press, 1999）中找到，普特南的经典论文《缸中之脑》也被收录其中。有关新的指称理论，高年级学生可以阅读克里普克的《命名与必然性》（*Naming and Necessity*）（Cambridge, MA：Harvard University Press, 1980）。

第四章 信任与理智德性

第一节 认识的自我信任以及对其规约的德性

一、尽责的自我信任

美国的实用主义哲学家 J. 杜威（John Dewey）在他的一部教育理论著
作中述及了一个有趣的故事："该故事讲述了一个在智力上鲜有名声的男
人，他渴望成为他所在新英格兰镇的行政委员，他用这样的方式向聚集的
邻里演说：我听说，你们不相信我有足够的知识去担任公职。我希望你们
理解，在绝大多数时间里，我都在思考某个东西或其他什么东西。"① 在
绝大部分时间里，我们都在思考这个东西或其他什么东西，正如我们在绝
大多数时间都在做这个事情或其他什么事情。可惜，这不意味着我们总是
思考得很好，至多只是我们一直努力地在做。在绝大部分时间里，我们并
没有做任何一件让人印象深刻的事情。

尽管如此，我们（依然）可以尝试。在这一章中，我们将更加仔细
地考察尽责的思考者所做的事情。在上一章的结尾，我们通过认识的自我
信任的论证得出我们所探讨的怀疑论的结论。本章中我们将从自我信任开
始，并探究其对信任他人的意义。我们将审视某些德性，它们提高或限制
自我信任或者对我们的认知族群成员的信任，然后我们将审视存在于信任
自己和信任他人之间的令人费解的矛盾：在相信我们自己和那些我们认识
上钦慕的人之间存在不可解决的分歧时，我们又该如何回应呢？

① Dewey，1933：4.

在第三章中我们考察过一种严肃的怀疑论形式，它来源于相信我们力图理解的世界和我们心智之间存在着一个鸿沟。很可能这一信念在某种意义上是天然的，也就是说，几乎是普遍的，或者无论如何是十分常见的，这一信念也可能有充足的理由需要我们去认真地对待它；但即便是这样，我也认为有这么一个鸿沟能被弥合的天然信念。怀疑论者接受第一个信念，而不是第二个信念。我的立场则是，正如能接受第一个信念一样，第二个信念也可以被合理地接受。我们没有其中任何一个信念的证据，然而我们又不得不稀里糊涂地想要获得这些证据。我们究竟如何才能表明我们的心智和我们的世界是分离的呢？我们究竟如何才能搞清楚，我们所拥有的作为整体的能力可靠地将我们与世界关联起来呢？

我们确实拥有循环证据，即运用我们的能力获得的证据，表明我们的能力特别可靠，同时我们也有证据表明这些能力有时会犯错误。我们知道这一点，是因为我们会通过使用其他能力，或在其他场合中使用同样的能力，来核实我们能力的运用。如果我不确定我在地毯上看到了一只蜘蛛，那么我将会再靠近一点去看。如果我不确定我把钥匙落在了厨房的柜台上，我会回去看一下，或者会让其他人也这样去做。如果我不确定当地的选举在下周，我会去问其他人。因此，我们会通过其他知觉或证言（testimony）来核实一个知觉；我们会通过知觉、其他记忆、证言来核实我们的记忆；我们会通过知觉、记忆等来核实证言；等等。除了运用那些能力之外，我们无法表明我们哪项能力的可靠性，然而我们能通过使用我们的某些其他能力或者再次运用相同的能力，来核实我们能力的特定运用。①

这意味着对那些导致我们获得真理的能力来说，我们需要自我信任。

---

① 弗雷（Richard Foley, 2001）针对我们所拥有的作为整体的能力与信念提出这个观点。阿尔斯通（William Alston, 1991）则针对基础能力以及运用那些能力所形成的实践提出类似的观点。阿尔斯通的立场要更为强硬，原因在于他主张存在着不止一个基础的认识实践，其可靠性无法以一种非循环的方式加以确定。知觉实践就是其中之一。记忆则是另一种。我认为阿尔斯通的观点无疑是正确的，但是本书中我所说的大部分内容使用更弱的立场，也即我们没有任何非循环的方式来确定我们所拥有的、作为整体的能力的可靠性。

自我信任的意思是拥有相同信心的状态。具体来说就是，针对我们的能力 *79*
总体上是可靠的这一信念而言，如果我们实际上不可能（per impossibile）
会有什么非循环的证据支持的话，我们就会拥有的那种状态。甚至即使我
们缺少这样的证据支持，我们也会像我们有证据那样采取行动，并且我们
会对我们的能力有着同样的态度，这意味着如果我们拥有它们的可靠性的
证据，我们就会有这样的态度。在我们的生活中，我们相信真理在我们的
把握之中，并且我们假定是什么样的能力让我们获得真理，至少获得某些
真理。它们包括我们的知觉能力、记忆力以及认知能力。

　　在某种意义上更具争议的是，我还认为，它们包括了情感。情感倾向
（emotion dispositions）可能可靠，也可能不可靠，并且某些特定的情感可
能符合，也可能不符合它们的对象。① 然而，在没有与我们的其他能力一
道运用相同情感倾向的情况下，我们无法说清楚我们的情感倾向是否可
靠。在没有诉诸更进一步情感的情况下，我们无法说清楚我们的怜悯倾向
是否可靠地指向那些可被怜悯的对象，我们对恶的倾向是否可靠地指向令
人讨厌的对象，我们是否害怕那些让人恐惧的东西，或者钦慕值得钦慕的
对象。

　　确实，我们对于有些熟知的（learned）情感，并不是十分的信任
（例如愤怒），而对于其他我们所熟知的情感，一点都不信任（例如嫉
妒），总的来说，我们的情感趋向于对情境进行夸大的回应。它们在其普
遍性的范围上被夸大了（例如，我们害怕那些令人恐惧的东西，但是对
于那些不那么让人害怕的东西我们也充满了恐惧），在强度上也被夸大
了。不过，如果因此而认为对情感被夸大属性的怀疑，是对情感普遍不信
任的理由那就错了。一个夸大的回应可能依然是一个对正确回应的夸大。
尽管我们会非常激愤、特别讨厌、十分害怕、沉迷于爱情，等等，但是并
不能由**此**认为，情感在对它们对象的这种回应中并不适当。

　　无论如何，我们有同样的理由去信任我们的情感，正如信任我们的知

---

　　① 尽管在知识论著作中讨论情感的本质并不常见，但我会在本章中讨论钦慕
情感的认识意义。我在 Zagzebski（2004）和本书第二章中已经阐述了我对情感的
一般理解。

觉、记忆和推理的能力一样。尽管没有什么非循环的根据让我们认为它们是可靠的，但同样也没有什么内在的根据让我们认为反思之后存留的情感就是可靠的。当我们在一个良好的环境条件中仔细辨识的时候，我们就会信任我们所看到的东西，而且如果其他人也赞同的话，我们就会视之为确认。与之相似，当我们感到钦慕、怜悯或厌恶的时候我们就会信任我们所感受到的，并且在我们后来对其反思之后我们会继续有着相同的情感。因此，我们需要对我们的认识能力和情感，采取一种基本信任的立场；至少如果我们想过一种正常的生活，我们就需要这样做。

像大部分人一样，在没有证据表明她们的能力整体上是可靠的，那些尽责的信念持有者就信任其能力，然而她们通过运用她们自己的能力而获知并不始终可靠，当然，她们对其他人也通过学习而获知同样的东西。尽管我们都会犯错误，但是通过知晓我们所犯的很多错误的模式，我们就能够从我们的错误中吸取教训。在有些情形中，我们易于出现知觉的错误、记忆的错误、无效的推理形式以及趋向于抑制真信念获得的情感的影响等。

比方说，有时我们"看到"我们所希望看到的，"听到"我们所希望听到的。① 我们反复讲述一个事件的发生过程时，我们对自己的回忆会变得更加确信，因此越多地去重复一个故事，我们就会使自己越加确定，甚至即使那是假的。② 社会心理学家已然发现许多偏见形式，例如基础归赋错误，即观察者易于低估情境对他人行为的影响，并高估行为表达个体内在特性的程度。③ 形式与非形式逻辑的书中均会论及许多其他错误模式，学生们通常会努力记住这些模式，希望这样做能够有助于改善他们自己推

① 参见 Loftus（1996）。这样的研究意在向我们表明有关知觉的什么东西，但是实际上它们所研究的是人们记得知觉到什么。这些情形被称为"错误信息效应"（misinformation effect）。

② 参见 Bregman & McAllister（1982），以及 Wells, Ferguson & Lindsay（1981）。

③ Ross（1977）造出了"基础归赋错误"这个词。也可参见 Allison, Mackie, Muller & Worth（1993）。Block & Funder（1986）主张，具有较高社会智能（social intelligence）的人更容易受"基础归赋错误"的影响。

理策略的方式。

然而，我们能力中的很多错误模式我们自身是很难监控的。在我看来，比起获取一些常规的性格特征（traits of character）——它们适用于我们生活中会碰到的各种情形的特征，按照我们应该避免的各种行为模式的冗长列单去生活要更为困难。我认为，这一点的适用范围对于信念伦理学与行为伦理学是相同的。情感训练（training）所训练的是那些我们自发而做的事，这是因为情绪的运作是迅速的，并且倾向于绕过认知功能。*81* 通过合理训练我们的情感，我们会更加接近于成为那种在许多情形中以合理的方式自发行为的人。

我想表达的**德性**是一种后天获得的（acquired）人类品质（excellence），它既包括独特的情感倾向，也指向能够可靠地成功实现这一情感所引起的行为的目标。在别的书（Zagzebski，1996）中，我将这种德性的阐释应用于道德和理智德性。比如，我认为同情就是一种获得性的品质，它包括了在特定情境中（典型情况是某人面对一个正在遭受苦难的人）感到同情的独特倾向，并且把同情大致理解为缓解痛苦的话，它会可靠地实现由同情所引发的那些行为的目标。公正包含着在特定情境中（比如分配基本善和责任）面对他人时的不偏不倚的独特倾向，以及可靠地成功达至某个事件状态——由公平对待所引起的预期结果。

本书中我们的兴趣在于理智德性。这些德性有其自身的特征，其构成部分之一就是情感倾向，它源于或者依赖于一种热爱真理的基础情感或者是认识上的尽责。除了源于热爱真理的具体情感倾向之外，我主张每一认识上尽责之德性都意味着，通过由该德性的情感特征所引致的信念形成行为，拥有这样的德性将可靠地成功实现真信念。

比如，心智开明就是后天获得的特征，它包含着对他人的意见持有开明的倾向，甚至当它们与自身意见相左时也能如此。在其他条件都相同的情况下，凭借开明对待他人意见所激发的认知行为，这一特质就能可靠地成功达至真理。因此，假定有两个人，其他都一样，除了一个心智开明，另一个则不是，那么具有心胸开阔倾向的她比另一个更可能获得真信念。可能的情形是，一个人拥有心智开明之德性，却因为她自己其他性格特征或环境特征，而导致该情感所引起的认知行为没有让她可靠地实现真理。

不管怎么说，在其他条件都一样的情况下，心智开明就是一个特征，拥有
82 这样的特征就会可靠地让一个人获知真理。① 同样可能的是，一个人通过
心智开明的行为也可以获得真理，甚至即使因为她没有心智开明的一般倾
向而使得她没有心智开明的德性。

　　本节中我将集中讨论理智德性的细分内容（subset），这些理智德性
要么抑制自我信任，要么增进自我信任。在我们将自己训练成对新的证
据保持警惕，乐于去批判自己持有的信念，并敏感于他人的论证时，我
们就学会了限制认识的自我信任。很重要的一点是，那些限制或限定自
我信任的德性预设了行动者总的来说是值得信任的。除非人们经常在认
识上是可靠的，否则理智上的专注（attentiveness）、慎重（carefulness）、
细致（thoroughness）以及对新证据的开明（openness）等也不会成为德
性。除非她通常处于合适的轨道之上，否则对于一个人而言，做到专
注、慎重与细致也没什么好处。如果她对新证据报以开明之心态，但
其值得信赖的程度又不足以知道如何应对它，那么她就是在浪费
时间。

　　我并不是说，一个不值得信赖之人的专注、慎重或细致对其自身来说
不是德性。② 不过我真正想说的是，我们视专注、慎重与细致为德性，其
中部分原因在于，我们认为它们使得以下情形更为可能，即拥有它们的人
会成功达至实现真理的目标，而且除非拥有这些德性的人通常情况下都值
得信赖，否则这些品质可能无所作为。在我们得出判断认为上述品质都是
理智德性时，我们假定了人类行动者所拥有的基本的认识上的可信赖性
（trustworthiness），并且一般而言除非人类行动者事实上都值得信赖，否则
这些特征都不是德性。

　　这些德性都是非常模糊的，无论是在其应用的领域还是构成这些特征
的情感倾向与行为倾向上都是如此，因此为了显得更为有用就有必要使它

――――――――――

　　① 我这里所用的"可靠地"所蕴含的比较意义不同于可靠主义者通常所用的
那一意义。

　　② 我在 Zagzebski（1996）（Part Ⅱ，section 2.2）中讨论了这个问题。我主
张，尽管德性总体上可能使人更为糟糕，但即使在这样的情形中，德性也是值得拥
有的，因为它使得一个人更加接近于德性的理想（virtuous ideal）。

们更加准确些。以专注为例。专注无疑是十分重要的，因为不专注可能会产生悲剧的结果，比方说因为错误的目击证言而导致无辜之人成为受害 *83* 者。① 因为这一点，陪审员趋向于认为能够记得墙上有三幅画的目击者，一定是真的注意到事件的发生，并且相比那个记不住细枝末节的人来说，他们更加可能相信这样的目击者的证言。然而，有研究已经表明，记不清细节的目击者会成为最为**准确的**目击者，而注意细节的目击者则不太可能关注到罪犯的面孔。②

此外，有些人可以过多地注意带有迷惑性的感官输入。哈顿（Mark Haddon）那本令人愉快的小说《夜间的狗之好奇之事》（*The Curious Incident of the Dog in the Night-Time*）（Doubleday，2003），就是关于一个患有阿斯伯格综合征（Asperger's Syndrome）的 15 岁男孩的故事，该综合征是一种严重的（high-functioning）自闭症。这个男孩有时受感官输入的压迫（overwhelmed），为了试图摆脱它，他闭上眼睛并开始大叫。那么，这一故事表明，在获取专注这样的德性过程中关键在于做到选择性注意，要专注于正确的东西，同样重要的是，界定什么是专注远比"专注"这个名称所暗示的更加困难。

除了获得那些限制认识的自我信任的德性之外，尽责的信念持有者还试图去避免作为不恰当的自我信任形式的恶性。在我们的日常语汇中这些德性的描述也比较模糊，为了能有效地指导我们的认识行为，有必要使其更为明确一些。比如，一般人通常情况下都会贬称所谓"一厢情愿的想法"（wishful thinking），这种做法通常被界定为，出于一个欲念——p 为真就相信 p。然而真实情形往往比特征上所暗示的更为微妙。首先，需要怀疑那种仅仅因为一个人想要它为真而从心理上就可能相信它的情形，因此根据以上界定，一厢情愿的想法或许并不存在。每个人

---

① 据一份分析报告（Cutler & Penrod，1995）估计，在美国刑事定罪中，每年有 7 500 例或每 150 万例中有 5‰ 被搞错了，其中大约 4 500 例是因为错误的鉴定。在巴克霍特（Buckhout，1974）的研究中，加州州立大学（Hayward）141 名学生目击了一位教授被攻击，后来为了确认攻击者，给他们展示六幅图片。60% 的学生指证了一个无辜的人。

② 参见 Wells & Leippe，1981 和 Bell & Loftus，1989。

都希望自己好看，但有多少人能够让他们自己相信只是因为他们想要相信好看而相信他们好看呢？这一点同样适用于想要变得富有和出名，也适用于更为利他的欲念如世界和平和幸福。更可能出现的情况是，如果一个人希望 p 为真，那么她就会特别赋予支持 p 的证据以更多权重而不是非 p 的证据。这种行为很常见，也很有趣，可以加以实证性研究。

不过如果这不是一厢情愿的想法所指代的东西，那么它显然并不是一种恶。我们真的知道希望 p 为真与 p 之真（wanting p to be true and the truth of p）之间从无肯定性关联吗？我在这本书中已经多次提出有这样一个天然的信念——我们作为整体的能力是利真的（truth-conducive），并且我也假定我们都希望这一信念为真。我同样一直在努力论证这个信念是个合理的信念。或许在该信念的天然性与合理性之间存在一定的关联，在该信念为真的欲念与天然性之间也是如此。我并不主张，因为我们想要它为真我们就有权利相信我们的能力是可靠的，但是似乎对我而言，在这种情况下我们的欲念与究竟什么可能为真之间并不存在一种近乎必然的关联。我们不应该坚持认为，欲念与信念之间的任何因果关联都是一厢情愿想法这一恶的具体表现之一。这并不意味着没有这样的恶存在，但它确实表明我们应该周全地使得这一界定更为准确。

除了抑制认识上自我信任的德性之外，还有德性是强化认识的自我信任，比如理智勇气（intellectual courage）、坚韧，以及被罗伯茨与伍德称为"坚定"（firmness）的那种德性，他们将最后这一特质视为亚里士多德意义上的介于理智上的软弱（flabbiness）与死板（rigidity）之间的中道（2007，ch. 7）。还有另一种对待这一德性的方式，它以坚持某个信念的方式表明了一种合理的自我信任的程度。理智上坚定的能动者会以合适的程度赞同其自身信念。她既不固执、倔强，并因此而过分相信自己，也不会过于易变、优柔寡断，并因此而对自己过分不信任。

实证研究也会有助于使这些德性更加准确。有研究表明，一旦某人对错误的信念获得了其相应的理据（rationale），那么克服这样的错误信念就存在着巨大的困难。在一项实验中，一个谎言（falsehood）被植入主体的心智之中，后来对它的信任又被破坏（discredited）了，在很多这样的情况下，该信念仍然近乎完整地存留下来。① 另外还有证据表明，人们倾向于过多信任他们的信念，同时会在罗伯茨和伍德所称的死板这个问题上犯错误。②

知道这些研究中所揭示的错误显然是有帮助的。一个尽责的信念持有者对它们应该如何反应呢？在我的经验中，了解这样的研究会自动地降低人们在这种研究中所做判断的信心，但是这样的反应是短暂的。我们一会儿就会忘记我们倾向于犯下的错误，或者我们认为我们是例外，我们比起研究中的那些主体会更加合理。后一个回应就是另一个在社会心理学研究中发现的倾向的表现形态之一，即我们趋向于过于肯定地评价我们自己的能力和品质。③ 尽管这些都会让我们对于自我信任感到沮丧，但自我信任无疑是必要的。似乎在我看来，一个尽责的信念持有者会对那些影响信念形成的犯错误倾向进行自我调节，继而她会尽可能监控其自身的行为。甚至即使我们不可能每次都发现我们犯下的认识错误，或者很多这样的错误，但是知道过去我们犯过错误，或者毫无疑问将来还会这么做，均会促成认识上的谦逊，这对于任何有德性族群中的成员而言都是健康的特质。④

增强自我信任的那些理智德性同样预设了人们通常情况下是值得信任的。我们认为，一个认识行动者无论是勇敢还是坚忍都是件好事，部分是因为我们假定了有这些特征的行动者会比那些没有的人更可能获得真理，不过这一假设依赖于更进一步的假设——她在一般情况下已经是认识上值得信赖的。一个理智上勇敢的、不可靠的人不会因为勇敢而变得更为可靠，同样对于一个坚忍的信念持有者来说也是如此。至此，本章中提及的所有德性均预设认识行动者一般情况下是值得信任的。

---

① 参见 Ross & Anderson，1982。

② Kahneman & Tversky，1979.

③ Myers（2005：70）列出了人们倾向于表现出这种自利偏见的很多领域，如伦理、职业能力、德性、智力、宽容等等。

④ 参见 Roberts & Wood（2007）一书的第九章"谦逊"（Humility）。也可参见他们早期的论文《谦逊和认识之善》（Humility and Epistemic Goods），该文收录在 Depaul & Zagzebski（2003）。

二、钦慕（trust in admiration）中的信任

是什么使得一个特征成为理智德性呢？我们可能忍不住会认为，一个理智性格的特征就是有德性的，这是因为比起缺少它，它富有更多的利真性，但是我有两个理由认为它并没有给出完满的解释。其一，在其利真性证据之前（in advance of evidence of their truth-conduciveness），我们会把诸如专注、周全、细致、理智的勇气、毅力以及谦逊这样的特征，视为表面的（prima facie）德性。在前述通常值得信任的假设之下，我们假定这些特征都是利真的，但是我怀疑，在将它们视为德性之前我们还在等着相应的证据。其二，如果将这些德性的善（goodness）限定在其利真性之中，我们会比一般情况下所能的更加钦慕这些德性。

不妨来看看安布罗斯（Alice Ambrose）描述她在 G. E. 摩尔课堂上经历的方式。

> 摩尔在他的讲课中很谦逊（self-effacing）。比方说在前一讲中，他对他自己之前提出的主张进行批判，这样的批判可能也指向一个假名哲学家，后者所犯的错误有必要进行修正。例如在讨论真理时，摩尔考察了两个命题形式，即"p 为真"（it is true that p）与"p"，主张它们意义相同，由此因为"……为真"（it is true that）是多余而使得"……为真"没有意义。他在下次讲课中评论道："目前我的看法是，非但不存在这样的情况，即由于它是多余的事实，于是它就是无意义的，反而由于它如果是多余的，**它就获得了意义**（*it has got meaning*）。在一个表达中没有词语是因为无意义而成为多余的。"几次讲课之后，他对他的学生说："现在，我想跳过去，因为我不知如何继续讲下去了。"①

在对这段话的讨论中，罗伯茨和伍德认为，他们看不出来"谦逊"何以是摩尔行为的正确语词描述。他没有抹消他自己，他只是因为他有更

---

① 参见 Ambrose（1989）。这一段引自 Roberts & Wood, 2007: 240。

重要的事情要去关注而没有注意到他自己。我同意这样的说法。我发现，我钦慕安布罗斯所描述出来的摩尔，并且我基于反思会进一步地钦慕他，我信任此种情感。如果我获得证据表明他的特质以某种方式阻碍了他的理智追求，或者如果我发现这个证据对于他作为教师的效率是不利的，因此某些类型的证据就击败了我对他的钦佩之情的判断，那么我可能会修正我对摩尔的钦慕之情的判断。我的主张只是，除了感受到对他钦慕并信任这样的情感这一事实之外，我不会因为行为的利真性证据或其他什么证据而做出关于他可钦慕性的判断。

　　如果你并不钦慕安布罗斯所描述的摩尔，那么你就会对他所表现出来的特质的高尚（virtuousness）做出不同的判断，不过根据我的设想，在那种情况下，理智领域中也会有其他你钦慕的某些行为，它们会成为有关理智德性的内容判断的基础。不过没关系，我认为，特定的性格特征是富含德性的（virtuous），并且特定的理智性格特征是理智上富含德性的，对钦慕情感的信任是做出这种判断的基础。

　　在第一章中，我曾经提出如果我们在意什么，我们就会致力于关心真理，我在这一节中同样提出，如果我们在意真理，那么我们就会被激发出指向更为具体的认识环境或知识领域的其他动机。至此我已然着重讨论了抑制或增进认识的自我信任的德性，并且我也论证了只有在行动者值得信任的、值得自我信任的假设之下，它们才是德性。自我信任自身是德性吗？如果我们接受亚里士多德主义者将德性视为后天获得的特征这一观点，那么在这一假设之下自我信任就是与生俱来的，它就不是德性。然而，当它与尽责的信念持有者获得以抑制或增进自我信任的那些德性相结合时，自我信任就是富含德性的①。因此，尽责的自我信任是富含德性的。

　　自我信任有一个重要特征我们还没有探究，那就是理智自主（autonomy）。自主有很多不同的意义，我并不打算研究所有重要形式的自主，或者以其任何形式研究其中细节。相反我想集中于作为很多哲学家理想的一种理智自主，并且在下一节中我将论证它将无法获得支持。自主作为一个理想，它的失败是对自我信任的重要限制。

---

　　①　这里"富含德性的"实际上就意味着是德性。——译者注

第二节 对他人的认识信任与认识族群的德性

一、作为理想的认识自我主义

一个尽责的信念持有者应该如何对待他人的信念和能力呢？当然，她信任她自己，但是她也应该信任其他人吗？让我们从区分三种有关在认识上信任他人的立场开始。正如我们将要看到的，这里没有穷尽所有立场，但是对于信任和自我信任的讨论而言它们是很好的焦点，因为这三种立场都有许多的追随者。

88　　前两个立场是**认识自我主义**的形式。**极端认识自我主义者**认为，其他人也相信 p 的这一事实绝对不是她相信 p 的理由，甚至在有证据表明其他人可靠时也是如此。她从不根据证言而相信什么。在相信 p 之前，她会依照她自身之前的信念，要求对 p 给出证据，而这个证明是她运用其自身能力所能确定的。

弱认识自我主义者将会把他人相信 p 的事实作为她相信 p 的理由，倘若她有证据表明他人是可靠的。她会基于证言而接受信念，但是仅当她有证据表明证言发出者值得信任的时候。因此这两种自我主义者均认为，他人有某个信念这一事实本身无法作为他们相信它的一个理由。①

我们可以称极端的反自我主义为"认识的普遍主义"。**认识的普遍主义者**总是将他人相信 p 的事实作为相信 p 的理由，但是该理由能够通过表明一个人不可靠的证据，或者通过反对 p 的证据而被击败。那么对于普遍主义者来说，默认的立场就是信任他人。她不信任他们才需要一个特殊的理由。对于弱认识自我主义者而言，默认的立场是不信任他人。她需要一个特殊的理由才信任他们。极端认识自我主义者任何时候

---

① 这一节的论证来自我的论文《伦理与认识的自我主义以及自主理想》(Zagzebski, 2007)。在这篇论文中，我区分了三种不同程度的认识自我主义：极端自我主义、强自我主义和弱自我主义。在这本书中我发现只区分为两种的话会使复杂性降低不少。

都不信任他人。①

许多哲学家均赞同处于"**认识的自主**"名义下的某些认识自我主义形式。弗里克（Elizabeth Fricker）就是个很好的例证。她说："认识的自主这一理想的类型意味着它不会因为其任何知识而信赖任何人。当然尽管她从不把他人的话当回事，但是她会接受她自己弄明白的东西，只相信她自己的认知能力、探究与推理能力。"② 很明显这个说法赞同被称为极端的认识自我主义的立场。不过弗里克进一步发现，如果我们不信赖他人证言的话，我们就几乎不会知道或相信任何东西，因此尽管她接受作为理想的极端的认识自我主义，但她在实践中又因为人类的局限性而辩护了一种弱版本的自我主义，接受一种弱认识自我主义形式。

为什么极端的认识自我主义会成为一个理想呢？可能回答是，假设许 *89* 多人不可信赖的话，那么相信他人证言就会使我们在认识上不牢靠（insecure）。弗里克援引这个理由来解释，为什么一个高级的生物能够实践（live up to）极端自我主义的理想：

> 高级生物拥有所有的认识能力去发现对她自己而言她想要知道的东西，因此她就能实践这个完整认识自主性的理想，而无法限制其知识的范围。鉴于在认识上信赖他人存在风险……按我的设想，这样的高级生物在认识上就会比人类有着更好的位置。换言之，如果她像我自己一样大部分是通过信任而直接知道很多东西的话，那么她就会在认识上更可靠，在实践中更独立，并且在某种抽象的意义上说比我们更自主。我可能会遗憾我不能飞，或者无法活到三百岁，以同样的方式，我可能会遗憾，我并非是这样一个生物。（p. 243）

弗里克提到他人不可信赖是极端的认识自我主义的一个理由，尽管我怀疑她会认为这是唯一的理由。然而他人不可信赖能够支持极端的认识自我主义吗？如果我仅仅相信我自己，为什么我在认识上就更加牢靠呢？鉴于我不可能整体上获得我自身值得信赖的证据，对我而言也就不可能整体

---

① "认识自我主义"与"认识的普遍主义"这两个词我是从弗雷（Richard Foley, 2001）那里借用而来的，他赞同认识普遍主义。

② Fricker, 2006：225. 可以在 Lackey & Sosa（2006）中找到这篇文章。

上拥有我比他人更加值得信任的证据。尽管我有内在的证据——运用我能力的证据，表明他人不可靠，但是我也有同样类型的证据表明我有时也不可靠，同时我有证据证明在某些领域其他人比起我更加值得信赖。

就我所能看到的，对不可信赖的恐惧能让我们在认识上不牢靠，但是这并不能支持极端的认识自我主义。此外，如果他人不可靠是极端自我主义这一理想的基础，那么就无法解释为什么该理想不是人们追求的另一理想——人类在认知上依靠其他完全值得信任的人。那么，如果极端的认识自我主义是一个理想的话，那就是因为他人在认识上不可信赖，这一点令人怀疑。

我们在第一章中已然讨论过信念伦理。有人或许会给我们另一个接受 *90* 极端的认识自我主义的理由。克利福德的船主之例给我们提出的教训之一就是，我们在道德上要对我们的信念负责，至少是那些引起行为的信念。可以认为，如果我相信他人的证言，我们就是在将我们的信念责任不合理地转移给他人。如果我们不能做到出于我们自身而做出思考，我们就无法成为道德上负责任的行动者。不过无论我们是在哪里获得这样的信念，并依照它们而行动，我们都会因为道德上错误的行为而应该负有责任，因此我们最好不要信赖那些信念的证言。

就我所能看到的，这一论证同样说不通。在第一章中我就提出，无论是做到尽责这一要求的程度，还是被要求尽责的程度，都会因为所涉及的信念域的重要性不同而各不一样，这就意味着当某个东西在道德上显得意义重大时，就会对我们形成很强的道德要求，做到非常尽责地对待我们的信念。因此，在克利福德的故事中，对船主有很强的要求，即做到非常尽责地对待其信念——他的船适合出海。这意味着船主在当前这一特定情形中必须关心其信念之真，并在认识上以一种与关心的程度相适应的方式来采取行动。然而，有没有什么理由认为他越尽责，他信赖的证言就越少呢？当道德上至关重要的东西出现时，对他的道德要求就是**尽力获得真信念**。不过并不是说他应该只信赖他自己而不信任他人的信念形成过程，除非他有理由认为他比别人更加值得信赖，同时我们已然发现，一般来说他没有什么理由持那样的看法。事实上，在船主的情形中，正好是反过来。在那个情况下，尽责之心要求船主寻求相关专家的证言。

弱自我主义又如何呢？一个尽责的信念持有者在采信某人所表达的道德上有重要意义的说法时，他会始终要求他人的可靠性证据吗？仅当出于对真理的热爱时，才会在结合了他人不值得信任之后，要求接受默认的信任自己的立场。如果尽责的信念持有者认为在没有证据的情况下，比起信任那些可靠性被破坏的其他人，他应该更加信赖自己，那么他就会是个弱自我主义者，不过他持有这一立场的根据是什么？无论他的依据会是什么，反正不会是尽责之心让他成为一个弱自我主义者。

对真理的在意味着认识上的慵懒是不负责任的。按照我的假定，当一个人自己有能力批判地评价他人的观点，而又被动地接受了它们时，那就是认识上的恶性，不过我看不出有什么理由认为，尽责的信念持有者会是一个自我主义者。如果对自我主义有什么辩护的话，它不会来自对尽责的要求，因此第二个论证无法支持认识自我主义。*91*

我怀疑，许多人将认识自我主义视为一种理想的真正原因是，他们钦慕完全独立的思考者，并且他们信任他们的钦慕情感。爱默生（Ralph Waldo Emerson）在他的经典散文《论自立》（*Self-Reliance*）中用生动的话语描述了那个浪漫的独立（autonomous）思考者的魅力，谁又不会为之所动呢？

> 一旦我们开始追究自我信任的根源，所有的原始行为展现出来的魅力都将迎刃而解。谁是那受信赖的人？一种普遍的依赖所基于的原始的自我又是什么？那没有视差，没有可测元素，科学难以探究的恒星，其本质是什么呢，让它们将美丽的光束投入到那些猥琐卑劣的行为中的力量是什么？（Emerson，1968：98）

早些时候爱默生就说过："我们将最高的荣耀归于摩西、柏拉图，以及弥尔顿，就是他们蔑视书本和传统，只说自己想到的东西，而不是人们认为如何。"（p. 89）根据爱默生所说，对于自立之人的钦慕无关乎他对自己可靠性的信心如何："在我小时候，有一位益友总是用教会的教条麻烦我，我还记得我是怎样不假思索地回答他的。我说：'如果我是完全按照自己的内心去生活，那我与神圣的传统有什么关联？'我的朋友启发我说，'这些冲动可能是自下而上地产生，而不是自上而下。'我回答说，

'未必吧。不过假如我是魔鬼之子，那么就让我按魔鬼的生活来生活好了。'"（p. 92）

我已经说过，当我们的钦慕情感是经过反思而形成并与其他受信任的人共享时，信任这样的情感就是合理的，我不会再为反对极端的认识自我主义者的可钦慕性进行论证。或许这个问题也能够解决，前提是我们能审视那些扩展的极端自我主义的描述，这些描述将极端的认识自我主义者与其他理智类型进行对比。尽管我并不了解那样的描述会是什么样子，但我认为它们会有所助益。即使那样，我也怀疑这个问题是否会被解决。毫无疑问，人与人之间存在深层次的、不可调和的情感冲突，就像下一节要讨论的主题——信念也存在深层次的、难以调和的矛盾那样，因此通过这一进路，我们或许无法就极端的认识自我主义者的可钦慕性达成一致。

92 摩西、柏拉图以及弥尔顿到底有什么值得钦慕的，对此我所持的观点是，除了认识自我主义之外，还包括他们的天才创意、独创性以及与众不同的人格与理智能力。① 不过我并不打算说服任何人极端的认识自我主义者不值得钦慕。相反，我将表明，两种认识自我主义中无论哪一种都不是可采信的融贯立场。尽责要求行动者拒斥认识自我主义。

二、认识自我主义的不融贯

如果自我主义者也在意什么东西的话，那么她就会像其他人一样，致力于成为尽责的信念持有者，就会尽力在意真理。按照我的解释，认识自我主义者**确实**在意真理。她之所以是认识自我主义者，在于她信任她自己比他人更能获得真理。她同样有证据表明当她尽责的时候她就获得真理，不过就像其他人一样，她必须先于证据之前信任其自身。因此在其尽责地努力获得真理时，理性的认识自我主义者会信任她自己，但这样的信任并

① 因为在完美问题上会有更进一步的看法，我们或许会将他们的理智能力与自主相关联。根据传统，上帝具有自存（aseity）的属性，这是一种不同于生物的极端自主性（independence），阿奎那将其解释为要求上帝通过其自身的知识而知道万物。如果上帝是个极端的认识自我主义者，我们或许同样会将极端自我主义看作生物的德性。感谢 E. 杨为我指出这一点。

非基于她自身可以信赖这一证据。

然而如果认识自我主义者是理性的，当他人尽责，当他人展示出她自己信任的那些行为时，她就会努力做到信任他们。当他们跟她一样处于相同的立场时，信任她自己就会让她也信任他人；也就是说，当在相似处境之下时，他们具有明显相似的动力（powers）和能力，并且在行为上也和她信任她自己时那样尽责。如果她做到一致的话，那么其他条件都相同的情况下，她必须如相信她自己一样信任他们，因为倘若她所知觉的那些在认识上都有着同等的地位的话，她没有理由去相信自己比相信他人更多。

我要强调的是，我不是主张因为她有证据表明他人值得信任而努力信任他们。她尽力相信他人是因为在她相信自己与相信他人的理由之间没有任何相应的差异。假定相信她自身是合理的，那么信任他人同样也是合理的。如果相较于其他人，她坚持更加信任她自己，包括她的能力、信念和情感那就必须是因为它们是她自己的，而不是其他人的，才让她必然信任她的能力、信念和情感。如果她认为有什么理由信任她自己的话，她就不可能融贯地做到这一点。任何她能够指向的理由都同样适用于很多其他人。 *93*

有种可能性是她在根本没有任何理由的情况下相信她自己，并且在没有任何理由的情况下不信任他人。她这样的人会因为它们是她自己的，就在意这样的能力和信念，并且相较于真理而言她也会更加关心她自己的能力和信念。在这种情况下，她就不是认识的自我主义者，她是在理智领域中的极端伦理自我主义者（extreme ethical egoist）。不同于认识自我主义，伦理自我主义没有什么人会为之辩护。因此，我认为除非她想持有这样一种让人反感的立场，否则她就会被迫拒斥极端的和弱的认识自我主义。

随之可以认为，如果认识自主被解释为一种我所描述的自我主义的话，那么认识自主就是一种不融贯的理想。只对真理有欲求，并相信我自己的那些产生并支持我信念的能力，但拒绝信任他人的这些能力，这是不明智的。

或许还有其他某种形式的认识自我主义得以幸存下来。罗伯茨和伍德为一种他们称之为理智自主的德性进行辩护，"根据这一德性，一个人可以通过恰当地分配（appropriate）其自身的巨大理智负担（debt）和依附（dependency），而成为完整而又独立的思考者"（Roberts & Wood，2007：257）。当他们描述自主的时候，它是比单纯的理智独立更为精妙、复杂的一个特征，尽管它包含了作为其构成部分的用于测度独立性的东西。罗伯茨和伍德指出或许变得独立这一欲求就是天生的（p. 281）。我认为这是个有意思的想法，它或许可以解释很多人为什么会对那些自主的有才智之人感到钦慕。无论如何，我都认为自主这一概念就像在伦理学中一样是很重要的，相比于我们目前为止做出的解释，它值得多得多的探究。

需要注意的是，对认识自我主义的拒斥并不意味着我们承诺了认识普遍主义。认识自我主义这一立场代表着一个事实——他人相信 p 无法成为一个人自己相信 p 的理由。甚至弱认识自我主义者会主张，在给我相信 p 的**任何**理由之前，他人相信 p 这一事实必须要与信念持有者值得信任的证据相结合。认识普遍主义主张，他人相信 p 的这一事实**始终**是一个人自己相信 p 的理由，甚至即使那个理由可能会被其他证据所击败。拒斥自我主义不会衍推出普遍主义。中间立场是有可能的，我们会在下一节中转向这个立场的讨论。

自我信任的逻辑要求我们对他人给予认知信任，如果我的这一论证是对的，那么对于我们自己信念的合理形成、持有，我们必须至少将一部分其他人的信念视为与之相关。我认为，有些理智德性会增强我们对他人的认知信任，就像有些德性会强化认识的自我信任一样；有些德性会抑制对他人的认识信任，就像有些德性会抑制自我信任一样。① 举个例子来说，我认为心智开明、理智谦逊与理智宽容这些特征均强化对他人的信任，并且这些特征也不会成为德性，除非对他人的基础信任得以确证。如果从基础意义上说他人并不值得信赖，那么他们的意见就与明智之人的信念毫无关联，并且也就没有什么理由以心智开明或理智谦逊的方式听取他们的意

---

① 强化或抑制自我信任的德性并不必然相异于那些增强或限制信任的德性。比方说，心智开明和理智谦逊均会抑制自我信任，并强化对他人的信任。理智勇气在增强自我信任的同时也抑制对他人的信任。

见。甚至即使我对这样的德性并不十分确定，但认识公平可能预设了所有人均有最低的可以信任的底线（baseline）。①

在上一节中，我提出了有关相平行的自我信任的看法。有些德性会抑制或增强自我信任，如果从基础意义上说，自我不值得信任的话，那么它们就不是德性；同时有些德性会限制或增进对他人的信任，如他人基本不值得信赖的话，它们也不是德性。

要注意的是，如果我们接受两种自我主义中的任一种，那些强化信任他人的德性就不是德性。极端的认识自我主义者不会坦诚对待他人的看法，而且仅当有证据表明他人可靠的时候，弱认识自我主义者才会坦诚对待他人观点。如果弱认识自我主义者听取他人意见，那是因为通过她自身能力的运用向她表明这些能力是可靠的，并且她之所以听取他人意见，原因在于证据而不是心智开明或理智上谦逊的动机。认识自我主义者认为他人的看法本身就不值得关注，甚至即使证据表明他人看法的来源可靠时，弱认识自我主义者将它们视为值得关注也不能说明什么问题。除了在强制之下遵循证据之外，自我主义者没有理由认为，关注他人的倾向就是富含德性的表现。先于证据而信任他人不是美德的体现。认识自我主义者并不必然在理智上表现出傲慢或自负，但是如果自我主义者认为谦逊优于自负或傲慢，那是因为在她看来，谦逊的做法是为权衡证据所强制，而不是因为对谦逊这一品质所带有的可钦慕性的认同。那么大致说来，只有摩尔的谦逊行为使其值得信任时，并且是在这个意义上，自我主义者会说，安布罗斯所描述的摩尔才是有德性之人。自我主义者不会像她信任其自身其他基本能力那样，信任她的倾慕情感。

---

① 理智领域中有些德性并非我所描述的那种意义上的理智德性，因为它们不牵涉到与理智有关的动机。相反，它们均为适用于理智领域的道德德性。无论怎么界定，道德公平涉及面对他人时的独特态度或尊重情感，这会导致以我们称之为公平的方式对待他人。道德公平无疑适用于我们对待他人信念的方式。因此，甚至即使道德公平应用于理智领域，它也源自指向他人时的情感倾向。我将这样一种德性区别于另一种德性——它源自热爱真理或者其他认识的善。理智公平是否是一种源自认识尽责或在意其他理智的善的倾向，或者相反，理智公平是否只是应用于他人意见的道德公平，对这些问题展开讨论会非常有趣。

三、认识族群的德性

　　至此我们已经讨论的仅仅是产生和规约我们自身信念的那些德性，然而如果我们既信任自己又信任他人的话，那么我们就成为认识族群的成员，这些族群的目标并不限定在像我们个体那样对真理的追求。假如我们热爱真理，那么我们面对他人时就是真理的传播者。既然尽责的人会在意他人是否同样拥有真理，那么她在认识上就可能会比较开明，并且她会尽力获得那些她作为他人可靠的信息提供者的特质。在第一章中，我们讨论了卡珊德拉的悲剧，她为宙斯所诅咒，不被她的认识族群所信任。在她的情形中，没人相信她，这一错误并不在她，然而我们很多时候缺乏可信性是因为个人的错误，正是这些错误让我们无法成为好的信息提供者或指导者。诸如明晰与有说服力这些好的教学法所体现的德性，既要求充分理解一个人对其他人说了什么，也需要对自己有信心。这些德性中有一些会对信任他人这样的德性进行限制与平衡，比方说心智开明与理智谦逊。

　　认识上的慷慨则是尽责的认识族群成员的另一个德性。在日常道德意义上，慷慨通常被认为牵涉到牺牲某人自身的利益而将善给予其他人。如果我把钱给你，那么我自己的钱就少了。如果我把时间花在你身上，那么我花在其他事情上的时间就少了。认识上的慷慨首先就是知识的给予。如果我把我的一些知识给你，我不会失去我自己的知识，并且甚至在给予你知识的过程中能够获得知识。因此将知识的给予视为需要慷慨，看起来似乎有点怪异。然而我认为有经验表明，相比较其他人，有些人更为愿意分享他们的知识和专长。即使给予知识并不减少教授者自己的知识，它也会缩小教授者与学习者之间知识水平的差异，并且一旦学习者学会如何学习，他们甚至有可能逐渐超越教授者。如果相比较将知识传递给他人，我们更在意我们的地位，那么我们在认识上就变得吝啬。如果慷慨乃是与吝啬相反的德性，那么我认为这就意味着尽责的认识族群成员有必要在认识上慷慨。①

――――――――――

① 有关认识上的慷慨的讨论，请参见 Roberts & Wood（2007），第一章。

毫无疑问，认识族群成员还有很多其他德性，如认识的公正与宽容。同样，还有一些德性是与认识族群相融贯而在个体中则不融贯。因此对认识正义的考察就显得很有意思，原因在于它可能表明，一个认识上富有德性的族群需要一些对认识赞赏与责难加以实践的结构，它们将会抑制胡说八道、谎言，以及其他对真理价值的攻击。① 可能还有一些德性我们希望认识族群的某些成员而不是所有成员拥有。我会觉得，理智的原创性就是在这个范畴之中。尽管我们不会希望每个人都成为柏拉图或者弥尔顿，但是如果我们是一个偶有智慧闪光点和原创性的族群也很不错。

我期待未来的知识论学者将会更多地来研究认识族群的本质、目标。道德哲学家研究道德共同体，以及像和平、正义、福利这样的共同善（communal goods）。可能的情况是，这些善并不局限于可分离的（divisible）善，即在个体中能够完全分离的善之内，相反它们涉及那些为共同体自身所拥有的善。道德哲学的任务之一就是研究产生这些善的条件，也研究允许共同体在直接意义上拥有它们的那些善。与之相似，好像在我看来并非认识族群的所有善都是可分离的。认识正义和认识幸福与道德意义上的正义和幸福非常类同，并且可能是不可分离的。无论如何，针对那些带有我们所欲求的善的认识族群，我们有必要更多地研究产生并使这样的族群存续的条件。

第三节　无法解决的认识分歧

洛克（John Locke）和其他启蒙思想家留下了重要的遗产，那就是理智的平等主义（egalitarian）。② 此主义指的是，所有正常人在获得知识的能力上都大致相同。有些人获得更多专长或者在某些领域能够获取更多信息，除了这一事实之外，不存在认识上的精英（elite）。在当代西方文化中理智的平等主义的信念根深蒂固，其中原因大概是它与民主相关联，不

---

①　更多有关认识正义的讨论，请参见 Miranda Fricker（2007）。

②　与洛克的另外两个预设，即乐观主义、个体主义一道，弗雷提出了这一"洛克预设"（Lockean presupposition），见 Foley（2001：89—92）。

过我在此对其感兴趣的原因在于它能够被用于支持认识平等主义——上一节最后曾提及信任他人的第三个立场。① 认识普遍主义者始终将他人相信 p 的事实作为她自身相信 p 的表面理由。尽管信念 p 可能被击败，它甚至可能会非常迅速地被击败，但使一个人之为普遍主义者的东西在于，她对其他每一个人都赋予了初始信任，也即在获得证据表明某些人比其他人更可靠之前，她始终认为世界上所有人的可靠性都是一样的。

98　我觉得很难知道我是不是个普遍主义者，因为根本不存在那种纯粹的检验情形，即除了他或她相信 p 之外我对一个人确实一无所知，并且在这些情形中我此前既不是相信 p 也不是不相信 p。我没有支持或反对 p 的证据，而且相信 p 不影响其他任何我自己相信的东西。然而，我认为我能够构造出非常类似于纯粹情形的检验情形，并且我发现人们在这些情形中的反应各不相同。

这里有个情形可以用于检验有关普遍主义的直觉。假定你对中世纪的波兰或鞑靼人知之甚少，但是你发现某个你对其一无所知的人相信，1241年鞑靼人入侵了波兰。同样假定如果你接受这个信念，它不会影响任何你信任的东西，不管是信念、情感还是以往的记忆。我这里会留给读者去填上细节——你是如何发现这个人拥有这样的信念的。或许你是无意中听到某人的对话，或者你是在维基百科上看到的。当然不管在上述哪个情形中，你都会知道有关其来源的**某个东西**（*something*），不过你要尽量忘记该信息。那么这个问题就变成这样：你会把某人相信鞑靼人于 1241 年入侵波兰这一事实作为你自己相信它的理由吗？普遍主义者的回答是肯定的。在没有证据的情况下，认识普遍主义者会将他人相信 p 的事实作为其自身相信 p 的理由。

现在如果你是个认识平等主义者和普遍主义者，你就在解决两个人的信念冲突中出现了问题，甚至其中之一是你自己时也是如此。当然，尽管

① Foley（2001）在辩护认识普遍主义时用到了平等主义。相比于我上面提到的那个，我认为弗雷的平等主义版本更强。他主张，直至其被更进一步证据所击败，仅仅基于他人也相信 p 的事实而接受信念 p 才是合理的。我在此给出的普遍主义的形式强调，他人相信 p 的事实始终给了我赞同相信 p 的理由。参见弗雷（2001），第四章，尤其是 82–92 页和 122–125 页。

基于证据的话许多冲突能够被解决，但是很多则不能被解决。一个理性的人应该怎么做呢？假设这个冲突发生在她自己信念和他人信念之间。如果仅仅因为是她自己的，她就支持她自己的信念，难道她可以未经确证地假设她比其他人更值得信赖吗？同时，如果她接受其他人的信念，那她也将是未经确证地假设他比她更值得信赖。两个信念持有者没有哪个有充分的认识理由去维持他或她的信念，同时两个人也没有理由在他和她的立场之间进行转换，原因在于那样的话信念持有者就会处于他或她一开始就是那个同样的立场。让我们称之为启蒙的烦忧（Enlightenment Worry）：**无法解决的信念分歧威胁着信念的尽责**。这个烦忧对我们的许多信念来说都是问题，包括我们所珍视的宗教的、道德的和政治的信念。

　　我们或许有兴趣认为，通过拒斥认识普遍主义和平等主义，我们就能够逃离启蒙的烦忧。我们究竟有多少人感觉到因为与那些我们所钦慕的人之间存在分歧而带来的威胁呢？如果你相信恐怖主义或种族灭绝的行为是错的（无论你想如何界定），那么我怀疑在你发现有人与你意见相左时，甚至即使通过手头所有证据来说服他们，继而有可能解决该冲突，你也会认为你尽责的信念会受到威胁。如果你认为你的生命主要追逐金钱与名望是个糟糕的想法，我就怀疑倘若你发现有人的看法与此相反的话，你就会觉得不爽。这样的认识分歧也不应该如此。

　　然而，如果说尽责之人的信念没有遭到她所不钦慕的那些人的信念的威胁，我们就逃离了启蒙的烦扰，那么我们就立马陷入这个烦忧的另一版本之中。我们辨识出那些值得钦慕的人，在他们之中会有人跟我们持有不一样的信念，而且我们又发现不同范例之间信念是相互冲突的。有些人无论在理智上还是在道德上都是值得钦慕的，他们拥有一个尽责之人努力获得的所有德性，并且他们聪明异常、见多识广。无论在最高层次的人那里我们能够找到认识上可以信赖的什么东西，这些值得钦慕之人也都有。然而他们有时会与我们存在无法解决的意见分歧。此外，他们彼此之间同样有分歧。如果你像我一样信任你的钦慕情感超过信任平等主义，那么你就会发现你所钦慕的人之间无法解决的分歧那样的问题，你也会发现那些人与你之间还存在着比启蒙的烦忧更具威胁的问题。

　　需要注意，在我提出分歧这一问题的时候，冲突不单单是信任自己与

99

信任他人之间的冲突，它也是信任自己的内部（within self-trust）冲突。这是因为自我信任包括了信任我们反思之后还拥有的情感。信任一个情感意味着相信这个情感对于情境而言是恰当的。信任一个人的钦慕情感就是信任我们所钦慕（依照反思，并与我们所钦慕的人达成一致）的那些情感事实上是可钦慕的。我所理解的可钦慕的东西，是类似于可模仿、会吸引人的东西。给定合适的实践条件，我们就会对我们所钦慕的那个人产生正向的情感，这一情感会导致我们模仿那个人。因此，信任一种钦慕情感意味着我们相信，无论是感受到那样的吸引力，还是想要模仿都是恰当的，它们都是钦慕所固有的东西。如果一个我所钦慕的人具有我所信任之人的可钦慕性，但是他的一个信念与我自己的并且我又信任的一个信念相冲突，那么这样的冲突就是在我信任我自身之内（within my trust in myself）。

为了解决这个问题，我认为我们有必要更深入地探究自我信任的意涵。在某些情况下，通过问我自己一些问题我就能解决这样的冲突，"我更相信什么，是对这个人的钦慕，还是我的信念呢？"不妨假设是前者。相比较我相信我的信念为真，我更加信任我的钦慕情感，所以我就信任这个人是可钦慕的，并因此值得模仿。或许我钦慕我形成自己信念的方式，与我对他人形成自己信念的方式的钦慕程度不一样。同样可以假定，我没有意识到另一个我所钦慕之人的信念与我自己的信念其实是一致的。相比较信任我自己的信念，这样的自我信任会让我更加信任被钦慕之人的信念。如果通过接受其信念我就能够模仿被钦慕之人，同时又不用改变我自己任何其他东西——相比于我信任我对他的钦慕情感这些东西是我更加信任的，那么自我信任就应该导致我改变我的信念。

我认为如果所谈论的信念并非深处于自我之中的话，像是有关音频设备的最好品牌的信念，这就是正确的处理方式。或许似乎还可以提一点不那么重要的东西，我们通过自我信任改变相对来说无关紧要的信念，但是我认为那根本不是无关紧要的。我们的大部分信念都在这类信念之中，并且如果我们带着相反的信念去信任我们对一个人的钦慕，而不是我们自己的信念时，我们就会致力于改变它们的话，这一点很重要。

然而，相比于我信任自己的信念，即使我更加信任我对他人的钦慕情感，也不能从中得出我应该改变它这样的结论。我是否应该改变一个信念并不单单取决于我有多信任该信念，而是我有多信任我自己的其他方面，这些方面指的是如果我对该信念做出改变，它们也就随之改变。鉴于我们的很多信念都是社会建构的，信任这些信念就意味着我们致力于信任形塑我们的那些传统以及我们所依赖的那些制度。

宗教与道德信念通常都与其他信念的网络有关，很多这样的信念都关联于情感、经验以及对共同体的忠诚，所有这些我们都会给予信任。因此我或许信任我对印度教的钦慕，尤其是我或许信任我对印度教徒相信 p 的方式的钦慕，超过我信任自己的信念非 p，但是我或许信任印度教徒相信 p 的方式不像我信任其他一些信念、情感以及对共同体的忠诚，这些其他的东西是我不得不改变的，倘若我通过自己相信 p 来模仿印度教徒的话。因此，在没有采纳这个系统作为我自己的情况下，我可能钦慕印度教的信念体系，并且这样才可能是个尽责的应对方式。

然而，假定相比较我信任自己的其他方面，我更加信任我对印度教徒钦慕的情感，这里我自己其他一些东西将不得不做出改变，假如我通过接受其宗教而模仿他的话。在这种情况下，要做的尽责之事或许就是皈依印度教了。尽管我并不清楚很多哲学家会研究因为皈依现象而引起的知识论话题，但我认为极端的整体信念改变所蕴含的合理性（rationality）是非常有趣的。在我所信任的对象中，其中之一就是相信有人在对其信念进行极端改变时是合理的（reasonable）。历史中的宗教英雄通常都是在其生命中过往的某个点上做出突然改变的那些人，并且自那之后他们的信念都发生了显著的变化。究竟是什么使这样的情形显得合理呢？显然不是他们的证据，从他们皈依前的认识状态看这些证据所改变了的或者压根就没有改变。最明显的改变或许就在他们的情感之中，并且如果确实像我所论证的那样，情感能够影响信念的合理性，那么情感的改变就影响他们信念的合理性。

不过我同样信任我的信念，也就是大多数情况下突然改变我们的信念都是不合理的。突然转向不仅就其发生的频率而言是不正常的，就其合理性来说也是不正常的。如果不着眼于自我信任的合理性，我看不出来有什么渠道可以对其解释；我同样看不出来有什么事实表明，相比于他人来说，我们更加信任我自己的某些方面，以及如此做法的合理性。从根本上说，自我之中有某种东西乃是终极的权威。我们可能钦慕生活方式的更替，以及应对它们的相应的信念，而且我们信任这样的钦慕。与此同时，我们可能完全相信那样的信念、情感及其在那些形塑我们的传统中的来源，我认为我们大部分人这样做的时候都是尽责的。

在我们自身与我们所钦慕的人之间会有无法解决的冲突，它会导致自我信任内部的冲突，后一个冲突则会迫使我们将我们最为信任的自身某些方面放置于意识的最前端。尽管这样做所带来的挑战或许对我们不无益处，但我认为我们没有什么规则让我们确定尽责而为的方法。你或许会信任你自身的某些方面，超出你信任去模仿一个你所钦慕的人的冲动，但是你如何才能说你**应该**那样做呢？证据不能确定你应该做什么，自我信任自身（self-trust in itself）同样不能确定你应该做什么，因为冲突恰恰源自自我信任内部。

我怀疑的是，这一难题根本无法解决，除非对自我的本质进行探究。这正是被知识论排除在外的论题之一，同时也是另一个哲学领域开始的地方，因此尽管我这里对这个问题存而不论，但我希望对此感兴趣的学生会

思考两者的关联，包括自我的本质与如何解决我们信念内部的冲突这一重要论题，以及我们的信念与自我的其他方面。①

第四节 总结

在这一章中，我已然提出，认识的尽责促使一个认知行动者获取大量理智德性，它们在一些重要方面与自我信任以及信任他人相关联。我同样论证了信任他人是经由自我信任衍推的，并且认识的自我主义是不融贯的。既然对认识自主的常见理解方式使得其与认识自我主义难以区分，那么就可以认为，通常所理解的那种认识自主就是不融贯的。它不是一种德性。

---

① 这一节的论证来自 Zagzebski（2006a），该论文的再版见 Liberal Faith. Essay in Honor of Philip Quinn. Paul Weithman ed. University of Notre Dame Press，2008。

　　既然本章论证牵涉到一系列内在相关的问题，它们延续了第一章、第三章某些问题的讨论，那么概述整个一章内容，包括我在其他章的一些论题就会很有意义。

　　（1）在第一章中我提出，如果我们在意任何东西，我们就会努力在意我们所在意领域中的真理。易言之，我们会致力于在那些领域中成为认识上负责的人。有鉴于某些领域中关心并不是选择性的，那么那些认识上必然尽责的信念范围或许就非常广泛。它或许并不包括我们所有的信念，但它显然会包括其中大部分信念。

　　（2）我们不可能拥有非循环的证据来证明我们作为整体的能力会可靠地导致我们获得真理，因此过上正常的生活，但我们需要基础的认识自我信任。基础的自我信任包括对我们的知觉与认知能力的信任，以及信任诸如钦慕这样的情感。所有人均需具有基础的自我信任，这是个合理要求。

　　（3）尽责之人有内在的（循环）证据，表明她犯错误了，并且她会从那样的证据中学习以监控其认识行为。她避免她觉得不可靠的信念形成方式，并且她会尽力获得她在认识上钦慕的那些理智性格特征。这些就是理智德性。它们包括专注、理智上的周全、细致、勇气、坚忍、坚决、谦逊、慷慨以及心智开明。 *103*

　　（4）这些理智德性抑制或增进信任自己或信任他人。抑制或增进自我信任的那些特征不会是德性，除非自我是值得信任的。抑制或增进信任他人的那些特征不是德性，除非他人是值得信任的。人们基本是值得信任的，在这一假设之下，这些特征就会帮助一个认识行动者获得真信念。当一个行动者具有这样的特质时，她就拥有尽责的自我信任。

　　（5）认识自我主义者信任其自身，但是（在我上文所讨论的不同程度中）她不信任他人。然而，既然自我主义者会努力关心真理，并且在她尽责时会信任其自身，那么她就会在他人尽责时致力于信任他人，换言之，当他们展现出她自身信任的特征与行为时。本章中所讨论的任何认识自我主义意义上的认识自主，均不是一种德性。事实上，它是一种不融贯的理想。

　　（6）如果认识自我主义是对的，那么认识上尽责之人就不会有什么理由去获得任何这里所说的理智德性。除非尽责之人在要求拒斥自我主义的意义上信任他人，否则她就没有什么理由去获得诸如认识上的谦逊、宽容以及心智开明这样的特质。换言之，这个尽责的人会被激发去获得这些特质，仅当她不是一个自我主义者之时（这就是不同于上面第四点之所在，即仅当他人是值得信任的，这些特质才是德性）。

　　本章中讨论的所有德性几乎是抑制或增进信任自己或信任他人的那些特质，并且它们都预设了我们自己和他人具有基本的可靠性。可能还有一些理智德性，它们为我们理智上所钦慕，但并不在这一范围之中。我简单提及过理智的独创性和创造力，有些德性与信任或值得信任相关联的方式不同于我在本章中所讨论的，这些就是那类德性例子。

　　到目前为止我所说的任何东西都与面对知识的尽责或理智德性没有
104　什么关系。在我看来，理智德性与关心真理之间的关联，以及理智德性与自我信任之间的关联，都给我们以充分的理由，在我们的生活中严肃地接受理智德性。然而，我将在下一章中论证，还有另一个重要的理由要在知识论中赋予理智德性以核心地位，我认为它们直接关联于知识的本质。

延伸阅读

　　除了我的那本《心智的德性》（*Virtues of the Mind*）（Cambridge：Cambridge University Press，1996）之外，我还与他人合作编辑出版了两本与德性知识论有关的论文集：《理智德性：伦理学与知识论的视角》（*Intellectual Virtue：Perspectives from Ethics and Epistemology*）（Michael DePaul & Linda Zagzebski eds. Oxford：Clarendon Press，2003）一书中的论文是由德性伦理学家与德性知识论学者以德性理论进路（virtue-theoretic approach）来讨论知识、认识价值、理解和谦逊的；《德性知识论：论认识德性和责任》（*Virtue Epistemology：Essays on Epistemic Virtue and Responsibility*）（Abrol Fairwesther & Linda Zagzebski，eds. Oxford：Oxford University Press，2001）一书则由德性知识论学者与传统知识论学者的论文构成。我在本章中多次提及《理智德性：论规约的知识论》（*Virtue Epistemology：An Essay in Regulative Epistemology*）（Robert C. Roberts & Jay W. Wood，Oxford：

Oxford University Press，2007）这本很有趣的书。至于德性知识论的不同进路，可参考索萨的《德性知识论：适切性信念与反思性知识》（*A Virtue Epistemology：Apt Belief and Reflective Knowledge*）（Oxford：Oxford University Press，1997）。最后，还有两本书推荐给对自我信任与信任他人感兴趣的高阶读者，即莱勒的《自我信任：理由、知识与自主性研究》（*Self-Trust：A Study of Reason，Knowledge and Autonomy*）（Oxford：Oxford University Press，1997），以及弗雷的《理智信任自己与他人》（*Intellectual Trust in Oneself and Others*）（Cambridge：Cambridge University Press，2001）。

第五章　什么是知识？

第一节　引言①

　　第一章一开始我们就提到了知识论的三个核心问题，即什么是知识？知识是可能的吗？我们如何获得知识？在第二、第三章，我们考察了第二个问题，在第四章我们用非传统的方式进入第三个问题。现在让我们回到第一个问题。本章最后我们将转向第三个问题。

　　我们可以将现在正在探究的问题更准确地表达为"什么是知道（knowing）？"而非"什么是知识？"，尽管"知识"一词常常指知道的状态（state of knowing），但是当我们说"一整套知识"（a body of knowl-edge）时，它同样可以用于指知道的状态的对象。我们在这一章中的兴趣是第一种意义上的知识。像我和你这样的人，知道某个东西（something）到底需要些什么呢？

　　到目前为止，我们在这本书中碰到过几个可资推荐的对知识（知道）的定义如下：

　　（i）知识就是确证的真信念。

---

　　①　本章中作为名词使用的"知道"指的是 knowing 或 to know，与之相对的"相信"则是 believing 或 to believe，但事实上，"知道"的语义范围基本可以对应于知识（knowledge），"相信"与信念（belief）亦如此。然而，当作者如此表达时，除了为同一语义的多样化表达之外，似乎仍有意强调它们之间的些许差异。——译者注

（ii）知识就是由可靠的过程所产生的真信念。

（iii）知识是由证据所支持的真信念，这里的证据指除了我们予以恰当忽略之外，能消除所有可能性的证据。

在第一章中已经确定过这三个定义的共同模式，即知识是真信念＋x，*106*这里的 x 是相信的好方式（a good way to believe）。大致说来，既然相信真理不管怎么说都是好的①，那么 x 就必定为使得真信念（true believing）更好的东西。

本章将用很多篇幅来确定 x 的特征（the x feature）以及我们界定知识时的限制条件。然后我将提出界定知识的通用图式，并力图使之更为明确。不过在此之前，让我们先来审视知识的要素，它们并非当代知识论争论的焦点。

大部分知识论学者想当然地认为，知道就是一种相信。如果我知道 p，那么我就相信 p。这一点值得做一些评述，因为在哲学史中有时信念与知识被视为相互排他的状态，要么是由于知识和信念被认为有不同的对象，要么是认为将信念的范围限制在那种低于知道状态的（inferior to state of knowing）认识状态之中是恰当的。柏拉图认为知识（epistêmê）和信念（doxa）是互相排他的，并为此诉诸以上两个理由。② 通过接受以下观点——命题是信念与知识的对象且事实上相同命题能够被知道或相信，第一个担忧已然得到解决，大部分哲学家的诉求得到了满足。因此一个人可能今天知道他昨天才相信的东西，比方说他最喜欢的球队今天将会赢得比赛。然而，如我们在第一章中所见，有些知识并不是命题性的，但是只要我们将讨论限定在命题知识中，就不会有人反对，根据对象的不同，知识就是信念的形式之一。

如果我们接受第一章中所提及的另一传统，第二个担忧也就得以解决，它规定了相信就是**同意某人所认为的那样**（*think with assent*），这个界定源自奥古斯丁。既然命题之知（to know propositionally）就是（除了

---

①　我们将在第六中检视真信念是否以及如何是好的。

②　详见《理想国》509d－511e 中的类比，以及著名的"洞穴比喻"，514a－518d。

别的之外）视一个命题为真，而且如果赞同一个命题只不过**是**视之为真，那么根据奥古斯丁对信念的界定，就可以得出知道就是相信的形式之一。当然，没有什么东西能够阻止一个人做出不一样的规定，比方说相信就是以低于知道的方式（in a way inferior to knowing）赞同一个真命题，在这种情况下，相信与知道就是互相排他的。不过即使我们接受那一传统，很明显相信与知道有共同之处，并且我们需要一个术语来描述它。如果相信不是同意所认为的，那么另外有个什么东西就是同意所认为的这样的状态，在这种情况下，知道就是那个东西的形式之一。为了便利之需，我们将继续沿用称之为"相信"的这一传统。

即使可以合理地主张知道是相信的形式之一，但对于寻求界定知识也没什么帮助，原因在于信念同样需要界定。有一些哲学家主张，知识就是更基础的概念①，有些则认为信念的概念已然超出了其有效性并且应该予以消除。② 此外，知识论学者通常都认为，知道是更为复杂的状态，它至少涉及同意心里所想的。因此，如果我们说知道就是同意心里所想（think with assent）+ x 的话，那么我们就是在部分意义上辨识知识的要素。辨识一个东西的主要构成只是界定它的途径之一。尽管它不是唯一途径，但我认为在当前情形中它仍将会是个有益的途径。

知识另一个相对无争议的特征就是，其对象是**真**命题。获得知识的努力就是试图弄清楚有关这个世界的真理是什么。如果我们尽力思考之后，相信某个错误的东西，那么我们无论多么尽责，我们的信念都不可能是知识，原因在于我们未能获得真理。知识意味着成功达成我们的认识目标，并且这个基本的认识目标就是真理。更进一步的问题则是，"什么是真理？"这一问题通常不在知识论的讨论范围之内，因此我不打算再多说些什么，但是很显然这个问题的答案对于本章中的问题有着重要的影响。

因此，知识至少是真信念或者相信一个真命题，但是几乎没有哪个哲

---

① 参见 Williamson（2000）和 Hawthorne（2004）。他们的推理部分意义上在于比较知识和行动。

② 见 Stich（1983）&（1990）。其他取消主义（eliminativist）策略可以参考 Dennett（1987）和 Churchland（1988）。

学家认为真信念足以成为知识。① 至少有两类情形，真信念没有达到知识的层次。其一是完全因为运气而获得知识，比方说是凭运气猜测。你可能会猜到停车场中车的数量是 167，并且会相信你自己的猜测，但是即使你 *108* 猜得对，你显然并不知道在停车场中有 167 辆车。② 其二是不尽责的真信念。我认为大部分反思过克利福德船主情形的人均同意，这个船主并不知道他的船适合航行，甚至即使它确实过去**是**（*was*）适合航行，因为他缺乏他所持有的信念的充足根据。他在理智上是淡漠的（careless），而且他或许沉醉于其一厢情愿的想法中。在那种情况中以及在猜测情形中，真信念不足以成为知识，原因在于它没有**好到**（*good enough*）成为知识。

知识的第三个相对无争议的特征就是，知识在认识上好于真信念。值得怀疑的是，如果他们没有做此假设，哲学史上的哲学家们是否还会对知识与真信念之间的差异付诸如此多的注意力。我认为这是一个我们应该接受的假设。

这就把我们带到富有争议的知识要素问题。一个真信念之为善，并且比真信念简化物（true belief simpliciter）更好，可以有很多种方式。哪一个才与知识相关联呢？以上例子表明，知识（knowing）相比真信念（true believing）更好的方式，关乎该信念的获得方式或者该信念建基其上的根据。该信念必定是以认识上尽责的好方式来获得或持有的，猜测当然不是以认识上的好方式来获得信念的。该信念必定同时也是认识上尽责的，在没有任何证据的情况下相信你的船适合航行不是认识上尽责的。本章开始时的三个知识定义，在部分意义上均可以排除这类情形。

---

① 与这个观点不同的看法是，知识相比较真信念而言是一种更好的或不同的状态，见 Sartwell（1992）和 Hetherington（2001）。

② 这是凭运气猜测是真信念但不是知识的经典例子，但是有人会根据一个猜测来相信吗？猜测是一种过程，它通常会伴有"那是在猜测"的意识，因此它的不可靠性对于猜测者的心智而言应该是很明显的。然而，甚至即使没有人曾经根据猜测而去相信，这个例子仍被用于表明，单纯的真信念并不足以成为知识。人们实际上不会通过猜测而相信，那些认为这一点很重要的读者或许会想到其他一些以随意的方式偶然发现真理的例子，并且在那些情形中相信这样的结果从心理学意义上说是更为现实的。

我们来看看第一章中讨论的用于辨识知识所具有的独特善的路径。确定性和理解均为认识价值，其中每一个都在漫长历史的哲学话语中占有主要地位，它们均显著地影响了理解知识的方式。因此知识或许就是带有确定性的真信念，要不然，它或许就是带有理解的真信念。

把后面这两个定义增加到我们开始的三个定义中使界定知识这个任务显得更加让人困惑。真信念之为善的方式有很多种，而且我们所珍视的价值也有很多种。或许没有哪个单一的状态是真正（really）意义上的知识，但是有很多不同的状态被不同的哲学家称为知识，其中每一个在某种意义上说都是善。尽管这是一种可能，但基于对传统的尊重，同时又与普通人的直觉相容是界定知识的方式，如此放弃界定知识这一任务实在是太快了。此外，我们或许应该注意的是，无论我们在哪个阶段结束我们辨识知识构成要素的努力，我们将不得不在直觉与传统之间选择放弃一个。

让我们回到无法成为知识的两种真信念：一种是通过运气而获得的真信念，另一种是在不尽责的状态下形成的真信念。这两种真信念似乎都没有好到成为知识，但它们未能成为知识的方式有所不同。就认识行动者而言，一个认识上不尽责的信念指的是源自或者表达了真理的贬值（disvaluing）。即使这一信念为真，它也缺乏认识上好的东西。好的认识运气则不同。运气是个好东西，或者至少它不是个坏东西。如果一个信念持有者凭借运气而获得真理，那么就运气本身而言没什么不好。尽管如此，信念持有者似乎并不应该得到"知识"（knowledge）这一赞誉，原因是她缺乏实现真理的**价值**（merit）。

上述真信念可能缺乏某种好东西（something good）的两个方式很容易被关联起来。一个信念持有者可能缺乏获得真理的价值，因为她并非认知上尽责地获得该信念，并且做到认识上尽责就是她能够获得达到真理的价值之方式，然而还可能有其他的方式。我们会在讨论有关知识究竟是什么的不同方案时，再回到这两类情形。

第二节　价值难题

本章中我们将分步讨论知识的定义。我们已经通过了第一阶段，也是最容易的阶段,并得出结论——知道就是以好的方式相信一个真命题。这意味着没有哪个知识的界定会是那么恰当,倘若它不能辨识知识的特征——它使得知识比单纯的真信念更好。在其他著述中,我把那个使得知识比真信念更好的东西这一难题称为价值难题(the value problem)。① 这一节中我们将从上面提出的定义(ii)开始,并且我将表明那些简单的可靠主义形式是失败的,原因在于它们并没有对价值难题给出令人满意的回应。本节中的论证将允许我们从中得出一些启示,便于我们考虑应该如何构建知识定义。

定义(ii)则是最简单的可靠主义版本,它揭示了可靠主义理论的基本结构,即知识是真信念——可靠的信念形成过程的产物。针对我们界定知识的一般模式,困难随即就会出现,即可靠性本身没有价值或者反面价值(disvalue)。一个过程之为好,原因仅仅在于该过程所产生的结果是好的。一个滴水的水龙头之所以不好,原因是滴水本身不好。可靠来源的价值或反面价值只来自它所可靠地产生的东西的价值或反面价值。因此,尽管过程之产物的价值被转移到产生它的过程,但是过程的价值却没有被转移到这个产物中。一个可靠的现磨咖啡机(espresso maker)之为好,原因在于咖啡是好的,但是现在磨出的咖啡没有因为它是可靠的咖啡机所磨出的这一事实而变得更好。如果咖啡喝起来不错,即使它是不可靠的咖啡机所磨出的也没有带来什么不同。

与之相似,一个可靠的真理产生过程之为好,原因在于真信念是好的。然而即使我通过这样的过程获得真信念,相比于并非通过这样的过程产生,也不会使我的真信念更好。当然既然这个过程是好的,那么我拥有它自然就更好一些,并且我在某个特定场合运用它就可能更好,但是那并没有给它所产生的任何真信念增加什么认识地位(status)。

从这一例子中得出的教训之一就是,价值的转移只会在一个方向上进

① 我在 Zagzebski(1996:301 – 304)简单提到过价值难题,在 Zagzebski(2000)有第一次比较详细的讨论,该文做了扩展后再版于 Axtell(2000)。价值难题的另一个版本由德波尔(Michael DePaul)在 DePaul(1993)&(2001b)中提出。同时请参见 Kvanvig(2003)。本章中这一节内容大部分来自 Zagzebski(2000)&(2003b)。

111 　行，而不会来回转移。过程产物的价值会被转移到可靠地产生该产物的过程的价值中，但任何情况下的产物的价值都不会从过程的价值中获得任何额外的增加。因此，使得可靠的真理产生过程之为好的东西就是真信念的价值，但是一个具体的真信念不会从因为是这一过程的产物而获得任何额外的价值。因此，过程可靠主义无法解释究竟是什么使得知识比真信念更有价值。如果知识是真信念 + x，那么 x 就不可能是因为可靠真理产生过程的产物这一属性（property）。

　　正如我们在第二章所看到的那样，不同版本的可靠主义认为知识是带有真信念的，它们源自可靠的能力或行动者。正如索萨与格雷科所提出的，这些理论均比简洁可靠主义更为复杂，但是需要注意的是，如果信念形成能力或行动者的使善（good-making）特征仅在于可靠性，那么能力可靠主义与行动者可靠主义就与过程可靠主义有同样的问题，也即之为可靠的能力或行动者产物并没有为该产物增加任何价值。① 那么，这就是我们从价值难题中得到的第一个启示——**真理加上真理的可靠来源无法解释知识的价值。**

　　那么，可靠主义的难题就在于，无论是什么使得可靠能力的产物之为好，都不可能是可靠性，而是其他什么东西。这里的合理想法便是，有其他什么东西导致并解释了能力或过程的可靠性。因此，即使可靠主义者所言不假，在得以可靠形成的真信念与知识之间存在密切关联，知识价值的来源必定是比可靠性更为深远的东西，并且知识的 x 要素（feature）不可能与可靠性一模一样。

　　假设我们成功确定了这样的价值，那是不是就足以解决价值难题了呢？并不必然如此。普兰丁格的恰当功能论作为可靠主义的接替者，就试图确定比可靠性更为深远的某种有价值的东西，并且确实对其做出了解

---

　　① 索萨与格雷科的意识中通常都拥有行动者的能力与特质，他们称之为德性，比方说好记性、敏锐的眼光以及良好的推理能力。大概说来，这些德性的好并不限于它们的可靠性，并且只要这一点得以认同（recognize），该理论就有摆脱价值难题的出路。因为这一点，这些理论并非纯可靠主义的什么形式。在最近的研究中，索萨与格雷科提出多种形式的赞誉理论（credit theory），本章后面的内容将讨论这个问题。

释。通常情况下，一个可靠的能力（faculty）之所以是可靠的，原因在于它恰当地施行其功能，其方式就是按照它被设计的那样，而不可靠的能力之所以不可靠，是因为它没有恰当施行其功能。可以说，恰当施行功能在我们的信念形成能力中是真正有价值的，而不是可靠性自身。这一洞见让普兰丁格（Plantinga, 1993: 59）提出以下知识定义（省略某些细节）：*112*

> （iv）根据致力于实现真理的设计计划，知识就是在合适环境中由恰当施行功能的能力所产生的真信念。

然而要注意的是，像可靠的能力一样，恰当施行功能的能力在其恰当施行功能的时候，从它所做的事情或产生的东西中获得其价值。一个恰当施行功能的癌细胞不会被视为善（good），即使它**作为**癌细胞而功能恰当。它可能是好的癌细胞，但它并不是善。功能恰当的神经毒气（nerve gas）同样不是善，甚至即使它作为神经毒气所预期的功能而施行恰当。癌细胞与神经毒气都不是善，事实上，恰当功能甚至使得它们更为糟糕。

不过，普兰丁格的知识定义包含了有可能让他避免这一异议的关键内容。在普兰丁格的理论中，为恰当功能的能力增加额外价值的东西乃是那些具有特定目标的智力设计的产物。普兰丁格会说，一个功能恰当的咖啡机之所以是好的，不仅是因为咖啡好，而且是因为它实现了其设计者的目的。或许除了其产物的价值之外，它赋予咖啡机以价值。因此，如果我的咖啡机功能恰当的话，它就是个好机器，因为它正做着它被设计要做的事情。它之所以好，原因不仅只是咖啡好。一个功能不正常的水龙头之所以不好，因为它没有在做它按照设计应该做的，并且它的不好（badness）不单单源自滴水不好。大概可以这样论证。

然而按照其设计，功能恰当的机器所制作的咖啡价值，会比功能并不恰当情况下机器所制作的咖啡更好一些吗？我认为并不如此。假设结果（即咖啡）同样是好的，那么如果过程仍是依其设计的方式而运作，它也就没什么区别。事物与过程依其设计而运作，这一事实也许是个好东西，不过它是外在于结果的一种好东西。就它作为设计的产物这个意义上说，结果自身既没有更好，也没有更坏。这就让我们得到第二个有关价值难题的启示：**真理再加上一个独立的价值来源，并不足以解释知识的价值**。

这是个有意思的结果，原因在于它迫使我们考虑真信念与它的来源之间关系的相关性问题。可靠主义者与普兰丁格经常说起信念的来源，以及*113* 它依照机器模型所产生的信念及其产品。如果生产出这一产品的机器有某些属性的话，那么这一产品据此就有某些好的属性。我通过援用咖啡机与它制作的咖啡之间的类比，可以得出那个模型，并且我已然论证了，根据那个模型，我们无法解释真信念是如何从产生它们的信念形成机器（belief-forming machine）那里获得好的特质的。然而在咖啡情形中，我们或许会有上述反应，因为一杯咖啡并不是咖啡机的内在构成。还有其他一些情形，我们**确实**认为一个缘由（cause）带有的有价值属性会转移到结果，比方说当这个缘由是个行动者而结果则是行为时。这是因为行为并不独立于那个导致其发生的行动者，它是行动者的构成部分。在很多方面，知识状态就像是个行为，并且事实上，有一些哲学家已然主张知识就是某一类行为。①

我会再回到行为与知识状态之间的类比，不过在这个时候我认为我们可以得出结论，无论知识是不是一个行为，如果知识的价值与它的来源有关联，那么知识就是行动者的构成部分，不像咖啡不是咖啡机的构成部分。这就可以得出价值难题的第三个启示：**知识与认识者之间的关系，不同于产品与机器之间的关系，它是认识行动者的内在构成部分**。

现在让我们回到本章一开始的定义（i）知识就是确证的真信念。这一定义是否同样在价值难题面前遭遇滑铁卢，取决于"确证的"意味着什么，以及究竟是什么使一个得以确证的信念之为善。在很多传统的 JTB（justifiedtrue-belief）理论中，仅当它是基于足够的证据时，一个信念才是得以确证的。然而，如果信念建基于证据之为善的原因在于，如此做会可靠地导致真信念，那么确证的真信念的善就与那个源自可靠或利真的过程的信念的善没什么不同，在这个情况下，这个定义并没有解释是什么使知

---

① 相比于当代哲学，知识是行为这一观念在古代和中世纪哲学中更为普遍。我在 Zagzebski（2003b）中提出我们应该将知识视作行为。

识比真信念更好。①

确证或许自身就是善，不仅仅是因为确证是利真的状态。如果是这 *114*
样，知识的 JTB 定义就会摆脱折磨可靠主义的价值难题。此外，确证理论
有可能会涵盖以下观念，即将信念建基于证据之上意味着理解了证据与真
理之间的关联。因此当一个人将其真信念立足于证据时，表明她拥有真理
就是善，她拥有证据就是善，还有额外的善则是她的真信念建立在证据之
上。她将其信念建基于证据，这一事实就是善，不是因为它在这一情况下
导致实现真理，而是因为如此做通常都会导致实现真理，并且也是因为在
这一情形中，她已经知晓证据与她所相信的真命题之间的关联，她因此而
获得非此就无法获得的一定认识地位。

这就解释了我们为什么会认为，即便是那些得到相应证据支持的假信
念，也有认识意义上有价值的东西。与之相比，一个源自可靠过程的假信
念有其认识意义上有价值的东西则是有问题的。我们难道会说，一个可靠
的咖啡机所制作的口感糟糕的咖啡，比一个不可靠的咖啡机所制作的口感
糟糕的咖啡更好吗？我对此表示怀疑，并且因为这个理由我怀疑我们是否
会认为，可靠的真理产生过程所产生的假信念，会比不可靠的信念过程所
产生的假信念更好。这是价值难题所带来的、为可靠主义所固有的另一个
问题：如果可靠的过程并没有给予假信念以任何价值，它同样不会为真信
念增加什么价值。

这样看来，不会因为未能确定除了获得真理之外的独特的认知善，知
识的 JTB 定义就被归为错谬，至少如果对这一定义的解释如我所说的那
样，它就不该如此。糟糕的是，将知识界定为得以确证的真信念还面临着
另一个难题，这一难题所影响的面比价值难题给错误定义造成的影响更为
广泛。这就是著名的盖梯尔难题，也是下一节的主题。

第三节　盖梯尔难题

1963 年盖梯尔在《分析》（*Analysis*）杂志上发表了两页纸的论文，

---

① 邦儒在 BonJour（1985：7-8）中讨论这个问题。可参见 Michael DePaul
（1993）第二章中邦儒和其他一些人讨论知识价值的洞见。

它成为 20 世纪中叶最为著名的哲学论文之一。在他发表这篇论文之后，他就放弃了这个话题，并且对他所引起的海量文献没什么兴趣。这篇论文题为《确证的真信念就是知识吗？》（Is Justified True Belief Knowledge？）。

115 盖梯尔的论文包括了针对定义（i）的两个反例，并且这个定义是那个年代所能提供的最为普遍的知识定义。

定义（ii）与定义（iii）以及其他很多知识定义都是在盖梯尔之后提出来的，我将论证大部分知识定义陷入盖梯尔式反例的困境中。尽管对某些学生而言这些反例看起来或许是构造的结果，有些勉强，但我认为它们将会使我们从中得出有关知识界定方式应该如何的重要启示。即使这些反例看起来并不像那一类东西，能够教我们有关知识的什么重要内容，但是如果我们细致地研究这些例子，我认为我们就会发现意想不到的东西，我将会在这一节中予以论证。

盖梯尔的论文开始于他所意识到的两个方面，它们对于构造出反例很有必要。一是有可能确证地相信一个命题，但它是假的；二是如果 S 确证地相信 p，且 p 蕴含 q，S 通过从 p 中推出 q 而相信 q，那么 S 就是确证地相信 q。①

其中一个盖梯尔的著名例子如下。假设史密斯（Smith）有强证据表明琼斯（Jones）有一辆福特车（Ford）。他在很多场合都见过琼斯开着一辆福特车，并且琼斯说过他有一辆福特车（如果你认为形成确证需要证据的话，你或许会设想他拥有更进一步的证据）。因此史密斯就是确证地相信

（A）琼斯有一辆福特车。

再假设史密斯完全不知道（ignorant）他的朋友布朗（Brown）的行踪，但是从（A）中史密斯可以演绎得出：

（B）要么琼斯有一辆福特车，要么布朗在巴塞罗那。

（不要想为了得出这一推论史密斯究竟拥有什么。）

现在假设（A）实际上为假。琼斯对史密斯撒谎了，他现在开的车是

————————

① 盖梯尔不是说这两个假设是构造知识 JTB 定义反例的必要条件，而是为了给出他的两个反例才做出这些假设。

租来的，但完全巧合的是，布朗在巴塞罗那。（B）为真并且有鉴于第一个和第二个假设，尽管史密斯确证地相信（B），但史密斯不知道（B）。这样的话，知识的一个定义就是错误的。确证的真信念不是知识的充分条件。

我们为什么会认为史密斯不知道（B）呢？事实上我碰到过一些学生就认为史密斯是知道（B）的①，但是在反思之后大部分赞同有关史密斯的信念（B）存在某种认识上有缺陷的东西，这个东西影响到他的信念没有达到知识状态的地位。出问题的地方似乎就是，史密斯尽责地努力实现真理，并且他确实也实现真理，尽管有如此事实，但是他并不是通过其尽责的认识活动而达到真理的。不幸的是他成为琼斯撒谎的无意识受害者；一个通常会产生真理的过程导致他出现有关（A）的谬误，这只是个偶发事件。因为这一情形的第二个偶然特征，史密斯最终还是获得了真信念（B），这一特征与史密斯本人毫无关系。我想把这个情形描述如下：偶然出现的坏运气被同样偶然的好运气抵消了。尽管获得了真理，但它是因为运气而获得的。

一旦我们注意到盖梯尔情形的双运气结构，我们就能够明白这样的难题会出现在各式各样的知识定义中，包括以上提及的定义（i）、定义（ii）以及其他很多定义。如果知识是真信念 + x，那么 x 是否就是诸如确证、可靠性、恰当功能、尽责之心、理智德性或者其他什么东西并不重要；x 是否就是内在主义因素或外在主义因素也不重要，是否像在定义（i）中增加条件同样不重要。如我们要看到的，这个难题源自任何定义中都存在的 x 与真理之间的**关系**，根据这样的关系才有可能拥有一个是为 x 的假信念（a false belief that is x）。

为了便利之需，知识论学者有时会称知识的这一 x 特征为保证（warrant），因此知识就是真的得以保证的信念（true warranted belief）。根据大部分对保证的论述，一个假的得以保证的信念是可能的；在其他情况下说

① 我怀疑的是，与通常情况下的哲学家相比，那些学生对因为运气而形成的真信念有着不同的看法。当代知识论中运气的地位吸引着越发多的关注。比如可以参见 Pritchard（2005）与 Riggs（2007）。

这个问题会有更加严苛的要求（to say otherwise would be implausibly stringent）。比如，将保证与确证相等同的那些哲学家不会主张，如果一个信念得以确证，它就必定为真。当一个信念为真时，它或许是在足以成为知识的意义上得以确证，甚至即使一个信念可能得以确证但为假。大致可以说以下情形通常不会出现，即当一个信念为假时，它在满足成为知识的那个程度上是得以确证的，但是这样的情形确实可能会发生。确证并不保证真理。

与之相似，将保证与可靠性或恰当功能相等同的那些哲学家通常不会主张，如果一个信念为真，且在足以成为知识的意义上得以保证，那么任何在那个意义上得以保证的信念均为真。比方说，当普兰丁格将一个得以保证的信念界定为恰当施行功能的能力在合适环境中，根据致力于实现真理的预订计划而产生的信念时，这并不意味着他要求必须要在一个与它们完美匹配的环境中进行完美实施。相似的是，可靠主义者不要求信念形成过程或能力完全可靠，而是说这样的过程或能力通常是利真的。可以说，所有这些保证理论都假定了保证与真理之间的密切关联，因此一个得以保证的假信念并不常见，而是有可能出现。在正常环境中，一个眼力非常好的人在良好的光线条件下可能会基于视觉而形成假信念，因为眼力好并不等于完美的视觉能力；恰当施行功能的眼力并不等于完美地施行功能的眼力。被解释为可靠性或恰当功能的保证没有确保（guarantee）真理。

然而，在得以保证的假信念是可能的这一常见假设之下，以上盖梯尔的史密斯例证所带有的双运气特征，允许我们形成构造反例的常见思路。首先根据你正在思考的那种保证论，找到一个假的得以保证的信念的例子。既然我们假定得以保证的信念与真理存在密切的相互关联，那么该信念之为假的原因在于那个情形中的某些坏运气的因素。继之，通过增加另一运气因素来修正这个例子，只有在这个时候这才是个使得该信念为真的因素。第二个因素必须要独立于保证这个因素，这样的话保证的程度才不会被改变。其结果就是一个运气因素抵消了另一个。我们然后就会构造出一个情形，即信念为真，并且在足以成为知识的意义上它是得以保证的，不过它不是知识。这里的结论便是，除了允许它们之间的某些独立性之外，只要作为得以保证的真信念的知识概念将真理与保证因素密切关联，每一个得以保证的真信念就不会都成为一种知识。

有没有什么办法能使得知识的定义（i）到定义（iv）避免盖梯尔式的反例呢？在史密斯的那个情形中，他从确证的假信念（A）推出（B）。盖梯尔例子的这一特征导致在他之后一些哲学家构想出盖梯尔难题的解决方案——规定主体的证据类别中没有假信念。① 然而，这一想法并不足以避免盖梯尔难题，因为即使我所给出的构建盖梯尔情形的思路依赖于一个得以保证的假信念的可能性，对于这个反例而言也不必然出现这里的主体事实上拥有相应的假信念。

让我们看一下一个主体在没有从假信念推出信念的情况下，如何才能 *118* 拥有一个真的得以保证的信念——它不是知识。假定琼斯医生作为一个可靠的、能力出众的内科医生，她有非常充分的归纳性证据表明她的病人怀特（White）感染了 V1 病毒。怀特有着 V1 的所有症状，并且我们假定这一类症状与任何其他已知病毒没有关联。假设琼斯医生形成她诊断的所有证据均为真，她相信这一点，并且她的这一信念是得以保证的，对她而言也没有任何证据让她激烈反对她的结论——怀特正感染 V1。根据证据，怀特正感染 V1 这一结论非常可能。琼斯医生相信他正感染 V1 并且她的信念是得以保证的。

不过现在不妨假定怀特所表现出的症状事实上是由一种非常罕见的未知病毒 V2 所引起，V2 几乎与 V1 一样。然而，怀特恰好也感染了 V1，但是最近并没有任何 V1 所引起的症状。在这种情况下，琼斯医生诊断出怀特感染 V1 所基于的证据，与他确实感染 V1 的事实之间没有任何关联。她的信念——怀特感染了 V1 病毒为真且得以保证，但是它并不是知识。此外，琼斯医生的信念并不是基于一个假信念。构成其信念基础的所有证据均为真。

现在你或许会认为，琼斯医生拥有假信念——怀特的症状是由 V1 病毒所引起，但是她根本不需要有那个信念。她有可能是个非常细致的演绎

---

① 可参见 Sosa（1974）和 Lehrer & Paxson（1969），这两篇文章均可在 Pappas & Swain（1978）中找到。最近对这一观点的辩护，可参见 William Lycan（2006），可在 Hetherington（2006）中找到。

推理者。她从缘由进行推理。她只知道怀特的症状与 V1 病毒之间存在着高度的相互关联。我们假定，既然 V2 病毒如此少见，那么怀特感染 V1 病毒在客观上确实是可能的。或许像怀特的症状只有百分之一是由 V2 所引起。琼斯医生并不知道还有 V2 病毒的存在，但是她知道其实有很多病毒及其症状她并不知道，因此她不确定怀特感染 V1 病毒，并且这也是正确的认识态度。然而，既然确定性并不为保证所需，至少在我们所讨论的知识范围内不需要，那么她对此缺少确定性就不会削弱她相信怀特感染 V1 病毒的保证。然而琼斯医生不知怀特感染 V1 病毒，因为她的信念之真没有以合适的方式与她的证据相关联。

119 　　这一例子与我上文中提出来的构建盖梯尔情形的思路一致，原因在于这一情形是按照两个步骤构建的。第一，找到一个含有得以保证的假信念的情境，在这一情形中，就像是上文中的情境——排除怀特没有感染 V1 病毒。第二，在上述情形中增加一个有利因素，使得该信念为真，在这一情形中，就是通过增加怀特最近恰好感染 V1 病毒这一点。我所提出来的构建思路要求在一个密切相关的情境中有可能出现一个得以保证的假信念，但是在实际情形中，根本没有那种琼斯医生形成其盖梯尔化（Gettierized）信念所依据的假信念。

　　琼斯医生的例子表明，盖梯尔并不需要他的第二个假设来构建反例。不妨回想一下盖梯尔的论文一开始就考虑到的两个方面，他似乎认为这两点是他的反例能够奏效的必要条件。一是有可能确证地相信一个命题，但它是假的；二是如果 S 确证地相信 p，且 p 蕴含 q，S 通过从 p 中推出 q 而相信 q，那么 S 就是确证地相信 q。他继续给出两个情形，主体在这些情形中确证地相信一个假命题 p，并且随后就有效地演绎出直觉上并非知识的得以确证的真命题 q。不过在琼斯医生的例子中，她相信怀特感染 V1 病毒的保证（或确证）并不是建基于从假信念中做出的推论。要出现像琼斯医生那样的情形，唯一要假定的就是盖梯尔的第一个假设。

　　各式各样的知识定义都没能逃脱像琼斯医生与盖梯尔情形那样的反例。尽管盖梯尔将其反例指向知识的定义（i），但我已然论证了我所提出的思路能够被用于构建针对定义（ii）以及相关的知识界定。知识的定义（iii）以及其他语境主义知识理论又如何呢？涉及相关备选项的定义都是增加其他或修正了某个知识定义的条件，它们限定或扩展了达到相应语境中相关的，或者是主体所关心的知识层次所需的证据范围。对我来说，似乎这一类知识定义与它们的修正版本一样，面临着相同的反例质疑，只要假信念有可能满足以下定义模式中的 x 的标准：知识 = 真信念 + x。我所提出的构建盖梯尔反例的思路还是非常普遍的，它足以应用到契合以上模式、允许出现假的 x 信念的任何知识定义。

我认为这表明我们到目前为止考察的所有知识定义都有问题。我们能做些什么呢？最偷懒的做法便是保留我们喜欢的知识定义，而不管这个定义是什么样的，然后添加个修正条件——"并且不是个盖梯尔情形"。比如，如果你喜欢定义（i）的话，你可以将你的定义修正如下：

120

（i'）知识就是未处于盖梯尔情形中的得以确证的真信念。

如果你喜欢定义（ii）的话，你就可以用相似的方式将它修正为：

（ii'）知识就是源自可靠的信念形成过程，并且未处于盖梯尔情形中的真信念。

显然你可以对任何你喜欢的定义采取同样的做法。不过这样的定义究竟有多么令人满意呢？如果你认为信念持有者在盖梯尔情形中并不拥有知识，这样的情形必定有着某种特征让你产生那样的直觉，而且辨识出那个特征很重要，因为它会告诉我们有关知识本质的一些东西。即使它告诉我们的东西并不是特别重要，但是直到我们辨识出盖梯尔情形中这种忧虑的来源，我们才会知道它是什么。

对盖梯尔情形更好的做法则是更细致地审视产生那个难题的假设。我们一直在讨论这个假设，即我们可以用一种非常常见的方式将知识的构成分解为真信念 + x。同样我们假设了有可能出现一个假的 x 信念。如果我们接受传统，称 x 为"保证"的话，我们就是在假定一个假的得以保证的信念有可能出现。换言之，可能出现的情况是，在足以将一个真信念转换为知识这个程度上，一个信念是得以保证的，但它为假。这就意味着，在信念之真与保证之间有一定的独立性。可以说，保证与真理密切关联，但是它并不确保信念之真。

当然，我们可能否定保证与真理之间存在任何重要的关联，因此一个信念持有者无论何时拥有得以保证的，并且又为真的信念，该信念为真也不过是运气使然。运用这样的进路，无论如何知识在大部分情况下是运气，因此盖梯尔情形就不会产生什么忧虑。我们只会将它们作为具体的知识而接受。根据我的判断，没有多少人将这一进路作为有吸引力的途径来对待。

我们现在只剩下一个解决方案——弥合保证与真理之间的鸿沟。结论就是保证蕴含着真理。

然而，有两个非常不同的途径来弥合这个鸿沟，并且很重要的一点是不能将它们混淆。一个途径就是接受作为真信念＋保证这一知识模型，对一个信念而言，这里的保证是它所拥有的确保其真理的某特征。在传统意义上这一进路被称为**不可错论**（*infallibilism*）。哲学史中最为著名的不可错论支持者就是笛卡尔了，他认为一个必然的情况是，如果我清楚且明确地知觉 p，那么 p 为真。正如每一个哲学专业学生所知，他对清楚、明确的知觉的基本例证就是，"我思，故我在"。

一些信念的特征在于确保其真理，可能拥有这样的信念就让人充满向往，然而不幸的是，我们没有理由认为我们的很多信念会有这样的特征，因此如果拥有这样的特征是知识的必要条件的话，我们近乎没有什么知识。因此我认为，消除保证与真理之间鸿沟的不可错论方案不可能给我们一个满意的知识理论，但是值得注意的是，笛卡尔式的不可错论不存在盖梯尔难题。

幸运的是，还有另一个途径来弥合这一鸿沟。我们一直在讨论知识由两个独特要素构成这一假设，其中之一就是真理，另一个则是神秘的 x，我们为了便利冠之以"保证"之名。然而，如果真理是保证自身的要素之一，那么不用暗暗承认一个过于严苛又不合理的不可错论，保证也就蕴含了真理。这里不妨举出一些例子来表明消除保证与真理之间鸿沟的途径：

（i"）知识就是信念，因为该信念是得以确证的而实现真理。

（ii"）知识就是信念，因为该信念源自可靠的信念形成过程才实现真理。

（iii"）知识就是信念，因为该信念得到证据支持，并且这样的证据消除了除我们适当忽略之外的所有可能性，才实现真理。

（iv"）知识就是信念，因为该信念根据指向真理的设计方案，在适当的环境中源自恰当施行功能的能力，才实现真理。

在上述每一个定义中，因为经过推定而赋予信念或信念过程的使善（good-making）特征的缘故，保证就是实现真理的属性。真理为保证所蕴含，原因在于真理是保证的要素，而不是因为信念有某个属性，它独立于真理但又确保真理。①

因此，盖梯尔情形向我们表明某种让人惊异的东西。我们一开始将知识界定为真信念 + x 就是错误的，或者至少有所误导。我们应该将知识视作由真信念加上某个其他独立的要素而构成。总的看来，知识的要素更像是搅拌做蛋糕而不是拌沙拉。蛋糕通常包括黄油、糖、鸡蛋和面粉，但是除非这些成分以一定方式得以混合，否则蛋糕就做不好。在加入面粉之前，黄油和糖必须要有一定黏稠度并被搅拌成糊状混合物。盖梯尔情形就像是个蛋糕，有其正确的成分，但是它们并没有被以合理的方式混合在一起，最后结果就不是个好蛋糕。知识的结构有可能并不非常复杂，但它会比简单将诸如真信念和保证这些要素集合起来要更加复杂。知识不是真理外加保证，但因为同样的理由，保证也不是知识减去真理。我自己的看法是，保证的概念没有很多用处，但是我在讨论其他理论时会继续偶尔使用一下。

为了避免盖梯尔难题而弥合保证与真理之间鸿沟的方式，不止（i"）–（iv"）定义中所列出的那些界定知识的模式。另一个途径就是强可废除性理论（defeasibility theory）。② 大概说来，这个理论主张，S 知道 p，当且仅当 S 相信 p，p 为真和得以确证，并且没有任何真命题 q，如果 q 被增加到 S 所拥有的支持 p 的证据中的话，就会使得 p 未得以确证。如果 p 为假，同样就会有很多逻辑上、证据上关联于 p 的其他命题——它们均为假。如果 S 变得相信任何这样的命题，那么 S 的信念 p 就是未得到确证。因此，没有任何假命题能够满足这一可废除性条件，并且在这个定义中的真这一条件就是多余的。因此可废除性理论将知识大致界定为：

---

① Howard-Synders（2003）将我的立场误解为一种不可错论，Lycan（2006）又重述了他们的解释。

② 在 Lehrer（1965）、Klein（1976）以及 Swain（1978）中可以找到具体的例子。

（v）S 知道 p，当且仅当 S 确证地相信 p，并且没有任何真命题 q，以至于如果 S 变得相信 q，S 的信念 p 就得不到确证。

需要注意，我前面提出的构建盖梯尔反例的思路并不适用于这个定义，因为（v）消除了保证与真理之间的鸿沟。尽管因为我要转到另一个进路而不再进一步讨论（v），但我想指出它的一个有趣特征。注意它是强外在主义立场。S 是否知道 p 是由一个全知的观察者的立场所决定的。

123　现在让我们将盖梯尔难题的启示与价值难题的启示合在一起。

（1）知识应该这样来界定，即真理要素不能与其他要素分离开来。定义（i"）–（iv"）就是这样的界定方式。

（2）除了真理之外，知识的特征应该在于认识上善的东西，这样的东西使得所产生的状态比真信念更好。我认为定义（ii"）没有满足这一限定条件。

前两节已经表明了一个可接受的知识定义有某些限制条件，而且我们也把这些限定条件应用到过去 20 年来文献中出现的几个知识定义。三个得以留存下来的定义有着共同的形式。定义（i"）、（iii"）和（iv"）就具体表明了以下定义模式：

> DS：知识就是信念，这样的信念持有者因为其好的认识行为而实现真理。

因为 B 而 A 这样的关系（the relation *A because of B*）①，是我所赞同的避免盖梯尔难题的路径的关键因素。这一关系对于很多哲学论题都很重

---

① 本人曾就这一关系与扎格泽博斯基教授交流，她的解释大致如下。假定你说"我会去参加会议，因为（because）我答应我要去"。你的意思是说，你的承诺是你去开会的理由（reason），但不是一个原因（cause）。尽管理由可能像原因那样起作用，但这不是你说"因为"的时候所意指的东西。可以对比"我的车撞到墙上，因为（because）路面湿了"。你要表达的是，路面湿导致（cause）你的车滑了而撞到墙上。还可以举个"因为"的例子，但不是不具有因果关系（not causal）。"她努力学习准备考试，因为（because）她想获得好成绩。"这里的"因为"指的是学习与取得好成绩这一目标之间的关系，这一关系既不具有因果性，也不是全然的因果关系。简言之，如果你说"A 因为 B"，那么就相当于是 B 解释了 A。原因能够解释，但意向、理由以及欲念（desire）同样也能够解释。——译者注

要，不仅对于知识的定义，而且它反对进行分析。在我们说因为 B 发生而导致 A 发生的时候，意味着 B 与 A 之间存在因果关系，但是这样的因果关系同样反对进行任何分析，而且无论如何，这样的因为－所以（because of）关系或许比因果关系更为宽泛。有些哲学家根据反事实条件句试图分析这样的因果关系，而且如果将 DS 与通过反事实条件句来界定知识进行比较，将会很有意思。①

如果因为正在做认识上正确或善的事情，而导致信念持有者实现真理，我们就可以说她配得上获得真理这样的**赞誉**（deserve *credit* for getting truth）。反之，如果值得这样的赞誉，根据她获得这一赞誉，她就必定有某种认识上善的东西。赞誉这一概念（notion）与通过行动者所拥有的某个好东西实现目标密切相关。针对真理的赞誉概念则密切相关于通过行动者所拥有认识上好的东西而实现真理。这就让我们进入最后一组知识定义，我想在本章中讨论这一内容。②

第四节　知识的赞誉理论

这里有一个通用的知识定义，它可以避免盖梯尔难题，也可以避开价值难题：

> （vi）知识就是真信念，这样的信念持有者因为获得真理而得到赞誉（Knowledge is true belief in which the believer is credited with getting the truth）。

Wayne Riggs（1998）、Greco（2003）以及 Sosa（2003）也提出各自的知识定义，它们是（vi）的变化形式。

因为赞誉这一概念所具有的模糊性，（vi）是否会遭遇价值难题并不清楚。我在上文中提出，尽管杯中咖啡是由可靠的咖啡机或功能正常的咖

---

① 有一些运用反事实条件句的理论提出了"敏感性"或"安全性"条件。有关敏感性的理论可参见 Dretske（1971）和 Nozick（1981），有关安全性的理论则可参见 Sosa（2000）和 Pritchard（2005）。

② 本节中讨论的盖梯尔情形部分出自 Zagzebski（1994）和（1996）。

啡机所制作，但咖啡不是因为这一事实而更好；因为同样的原因，如果机器因为制作了这杯咖啡而获得赞誉，它并没有变得更好。换句话说，杯中咖啡喝起来没有觉得更好。这就意味着，如果我与我的信念之间的关系就像是咖啡机与那杯咖啡之间的关系一样，（vi）并没有避开价值难题。然而，我认为，假如（vi）能够与早先讨论的拒斥机器-产品模式的知识观相结合的话，（vi）避免了价值难题。①

赞誉这一概念有必要再充实一下，可以借助信念持有者因为其信念之真而获得赞誉的相关解释来进行。在我看来，真信念的赞誉可以根据好行为的赞誉这一模式来理解。让我来勾画一个我认为可以做到的途径。我在上一章中论述了尽责的信念，我这里要给出的解释则是对这一论题的延续。我并不主张这一论述是赞誉理论能够得以展开的唯一途径，但我认为它有光明的前景。

125 除了从其后果，或者从以下事实——该行为带有意向的某种行为中有其价值外，行为会从其动机中获得道德价值。我不想坚持行为必定要从它们的后果中获得道德价值，我也不打算讨论意向行为的概念，但是我要说的是动机会增加行为的价值。我所说的动机指的是一个情感状态——它导致行动者以某种方式行动，该行动致力于实现具有这里所说的动机特征的目标。动机在我看来不只是行为的原因，而且它是在因果意义上可操作的，而且我主张它将其所激发的行为的赞誉赋予行动者。让我用一个例子来说明这一主张。

大致说来，仁心（benevolence）的动机就是关心他人的幸福。尽管一个人可能无意中为他人带来了福利，但我认为它是被仁心所激发的，行为的道德价值要更高。比方说，假定莫丽（Molly）去看望她的表兄弟，她的姨妈碰巧听到她在跟她表兄弟讲一个有趣的故事，并且听得很高兴。莫丽并不想给她姨妈带来什么有益的东西，而且她也没有意识到讲故事及其好的后果之间的关联。尽管从后果来看莫丽的行为有其价值，但我们不会认为她应该获得因为她姨妈的幸福感得到增进的相应赞誉。既然赞誉的观

---

① 在我看来，格雷科与里格斯均拒斥机器-产品模式，但是索萨会常常使用这一模式，比如在 Sosa（2003）中，他就提出走出价值难题的出路。

念是模糊的，那么她就可能在那么一种赞誉的意义中确实获得赞誉。但是
还有一种重要的赞誉意义，她是碰巧增进了她姨妈的幸福感，因此她因为
她的行为后果所获得的任何荣誉（merit）至多是最低限度的。

如果莫丽是有意增进其姨妈的幸福感，是因为关心她姨妈的幸福而受
到激发，我们对此的反应会大不一样。她的仁心的动机会因为她所产生的
善而赋予她以道德赞誉。不过我们能够将两种情形区分开来，一是像这里
一样莫丽关心她姨妈的幸福，二是她认为他人的幸福有益地关联到她自身
的幸福。我认为在两种情形中，莫丽都是从仁心的动机而行动，并因为使
得她姨妈很开心而获得道德赞誉，但是道德上优先的行为乃是，像这里一
样她关心她姨妈的幸福。她在后一种情形中获得更多的道德赞誉。①

我们可以用这三个情形来审视因为达到真信念而获得的相应赞誉度。 *126*
在第一个情形中，我们可以假定，莫丽碰巧获得了真信念。她在图书馆中
快速地瞄到一个穿着灰色夹克衫的人，并认出他是吉姆（Jim），然而让
我们设想一下这个人真的就是吉姆，尽管她可能会很容易就把图书馆中任
何一个男士误认为是吉姆。假定真信念是个好东西，莫丽有个真信念这一
事实是个好东西，但是莫丽并没有因为实现真理而获得赞誉，就像她意外
地增进她姨妈的幸福感而同样不会获得更多赞誉一样。

然而，假设莫丽正在为她所在城市的一份报纸写一篇关于图书馆的稿
子，她专注、细致、全身心地投入她的工作中。她对于获得真理很重视，
并且她开展研究工作的方式也是致力于实现那个目标。让我们假定，她这
样做之后成功发现了图书馆墙壁上有一张吉姆的祖母的照片。这就类似于
莫丽前面的情形，即她重视她姨妈的幸福，她通过瞄准那个目标的方式而
行动，并因为该行动的这些特征而成功做到了。

不过正如因其本身关心他人幸福，与作为达到其他善的手段而关心他

---

① 仁心的动机不要求出于自己的缘故而重视他人幸福，并且行动者在这个意
义上会因为其出于仁心的行为而获得道德赞誉，我的这些主张与亚里士多德在《欧
德谟伦理学》（*Eudemian Ethics*）最后所提出的观点有关联。亚里士多德在那里对
比了那些有着朴素善（plain good, agathos）的人与那些既善又高尚（kalos kakgath-
os）的人。只有后者才会出于自己需要而重视德性。我在 Zagzebski（1996：137）
中讨论了这一区分。

人幸福之间存在一定差异，因其本身关心真理，与作为达到其他善——比如为她自己获得更多声望的手段而关心真理之间同样存在差异。莫丽或许很在意要为报纸写出个真正的故事，因为她关心故事中的真相（truth），或者是因为她想在她所在城市为她自己赢得声望。莫丽在两个情形中都是尽责的吗？

在第一章中，我将尽责界定为关心真理，但是我并没有说尽责需要因其本身而关心真理。如果将我的论证解释为关心某个东西意味着我们因其本身而关心真理，那么我所论证的关心任何东西就意味着我们承诺要关心真理，这将是非常不合理的。关心我们关心的东西要求有尽责之心，不可能在如此苛求的意义上来讨论这个问题。如果是这样的话，莫丽就是尽责的，并且因为在上述两个情形中均实现真理而获得赞誉。大概可以说，相比于她认为真理会为她赢得声望，她因其本身而关心写出有关图书馆的真故事会获得更多赞誉，但是在这两个情形中她都会因为实现真理而获得赞誉。

127　　我认为，这表明即使赞誉概念是模糊的，在以下两者之间还是存在密切关联，即（a）在我们导致获得真理的行为中尽责，与（b）因为真理而获得赞誉。如果我在这一点上是对的，那么定义（vi）就与以下定义密切对应：

> （vii）知识就是信念，这样的信念持有者会因为她以一种认识上尽责的方式行动而实现真理。

根据这两个定义，在她相信那个穿灰色夹克衫的人是吉姆时，莫丽并不拥有知识，但是当她相信图书馆墙上那张照片描绘的就是吉姆的祖母时，她是拥有知识的。我认为那个结果在直觉上是正确的。当然，以上例证并不能证明定义（vi）与（vii）在所有情形中都相符，但是我认为它们表明了它们之间存在直觉的关联。我将会把这个问题留给读者去考虑它们会出现分歧的那些情形。

（vi）与（vii）这两个定义似乎对我来说都有其前景，但是（vii）的优势在于它的意涵更为丰富。它可以与讨论认识尽责相结合，也可以与尽责的信念持有者所获得的德性相结合，以产生更为广泛的知识本质的论述。在我的其他论著中,我已然提出知识就是信念,其真理是通过理智上符合德性的动机及其所引发的认知行为而实现(Zagzebski,1996:Part Ⅲ)。如果符合德性的信念与尽责信念相关联的方式恰如我在第四章中所描述的那样,那么定义(vii)大概就与我前面辩护的那个定义一致。①

似乎对我而言,只要将(vi)补充到信念持有者与信念关系的讨论以逃离价值难题困境,定义(vi)与(vii)就可以避免我们在构建知识状态的定义时所遭遇的各种麻烦。这两个定义同样也可以避开盖梯尔难题,并且也解释了我们为什么会认为因运气而形成的真信念以及不尽责的真信念不属于知识的范畴。

不过我们或许会想它们是否走得太远了。换言之,如果(vi)或(vii)赋予知识以充分条件,它们会不会也给出必要条件呢?它们是不是要求过高了呢?那些"便利知识"(easy knowledge)——通过单纯知觉或记忆获得的知识,或者基于日常证言的知识又如何呢?在这些情形中,信 *128* 念持有者会因为实现真理而获得赞誉吗?定义(vi)或许是过于苛求了;对于记忆和知觉,似乎不是什么人都获得赞誉,并且在证言这个情形中,如果有的话,似乎证言发出者(testifier)是获得赞誉的人。定义(vii)似乎同样要求过高了。在单纯知觉或记忆知识或证言信念的情形中,尽责是必要条件吗?②

我认为我们在第四章讨论尽责时已经表明,以尽责的方式形成信念并不始终要求理智的约束(discipline)。当我们拥有符合德性的自我信任时我们就是尽责的。甚至即使有此要求,尽责之需(demands)也允许我们对我们的认识能力,包括知觉能力、记忆力以及推理能力有基本信任,我认为我们同样会被要求对很多其他人给予基本信任。将理智上有德性的信

---

① 在Zagzebski(1996)中,我把行动者理智上符合德性的动机与目标而导致真理实现的信念行为(act of believing)称为"理智德性的行为",因此知识就是一个理智德性的行为。罗伯茨与伍德(Roberts & Wood,2007:11-16)似乎对这一术语有所混淆,并误解了我对知识的论述。他们所做出的针对我的知识定义的盖梯尔式反例,表明他们混淆了。

② 通过区分动物知识与反思知识,索萨阐述了这个难题。参见Sosa(1994)和(2007)。

念持有者与无德性的信念持有者区分开来的东西，并不是缺少信任自己与他人，而是以下事实，即那些限制和延伸信任的德性通过我在那一章中描述的很多方式强化了信任。当她无须听从相反意见时，一个行动者能够在某个特定场合尽责地采取行动，因为没有任何相反意见。因为环境适合她依照知觉而形成信念，她无须特别专注。因为没有迹象表明有任何不信任的理由，她就无须怀疑她的记忆。因为没有理由认为这个人不可靠，她就无须验证为她提供信息的人的信用。

根据（vii），将便利知识区分于并非知识的便利真信念的东西，就是在知识状态中，信念持有者**因为**其尽责的行为和动机而实现真理。即使这并不要求她受过毫无必要的（when it is not called for）、有关德性的特殊认知训练，这也意味着她在相应的反事实情境中会如此行动。定义（vii）没有排除通过感知觉所获得的便利知识。假定在她的环境中没有任何标识表明她不应该相信她的视觉，或者不应该相信她对那个物体所属的概念的

₁₂₉ 理解，那么一个相信她看到了易于辨认的物体的人，通常就知道她看到了那个物体。定义（vii）同样没有排除通过证言获得的便利知识。一个基于证言者的证言而相信 p 的人，并且又没有理由怀疑其可靠性，她就知道 p，假定如果她有理由怀疑证言者的可靠性的话她就不会相信 p。这意味着便利知识并不会便利到坍塌成为便利的真信念，但是似乎对我来说，这就是我们在论述知识时所想要的东西。

我认为，尽管类似问题可应用于定义（vi），但我将把它留给感兴趣的读者，他们可将（vi）应用到不同的情形中。

在这一章中，我一开始为以下不同情形之间的密切关联构建了一个场景。（a）因为实现真理而获得赞誉；（b）因为包括有德性的自我信任在内的理智上有德性的行动（activity）而实现真理；（c）因为认识上尽责的行为而实现真理。我并没有论证（a）到（c）是一致的，但进一步的工作有必要辨识它们之间分歧的那些情形，不过我认为这一类知识理论是非常有前景的。

在第四章中，我提出了一个认识规范性理论，这一理论表明我们应该如何规约（govern）我们的认识生活。在这一章中我已经论证了，一旦我们明白规约我们认识生活的方式，我们同样也会明白知识是什么。

知识就是一个信念状态，在其中我们通过规约我们的认识生活而实现真理。

延伸阅读

尽管最近趋向于阐释其他认识价值，但很多知识论文本着重分析知识。知识理论的经典进路，可以参见齐硕姆的《知识理论》（*Theory of Knowledge*）（Englewood Cliffs, NJ：Prentice Hall, 1977, 1989）；第二、第三版在内容方面有所区别，这两个版本都非常有名。维尔伯恩（Michael Welbourne）的《知识》（*Knowledge*）（Montreal：McGill-Queen's University Press, 2001）一书，评述了历史上分析知识的几个尝试（从柏拉图到现代哲学家），并形成融合证词的重要性的独特分析。高年级学生可能想要读克雷格（Edward Craig）的《知识与自然的状态》（*Knowledge and the State of Nature*）（Oxford：Oxford University Press, 1990）。学生同样应该读一读 *130* 盖梯尔所写的非常短，却非常有影响的论文《确证的真信念就是知识吗？》（Is Justified True Belief Knowledge?）（Analysis 23：121－123），在很多选集中都能找到这篇文章。对价值难题感兴趣的高年级学生可能想要看一看乔纳森·卡凡维格（Jonathan Kvanvig）的《知识的价值与理解的寻求》（*The Value of Knowledge and the Pursuit of Understanding*）（Cambridge：Cambridge University Press, 2003）。普里查德（Duncan Pritchard）的《认识的运气》（*Epistemic Luck*）（Oxford：Oxford University Press, 2005）发展了认识语境中运气的重要性。

第六章　认识之善与好生活

第一节　真理的可取性

131　　如果对很多事情漠不关心，很难想象如何过生活。甚至即使这个情况可能，没有任何关怀的生活也不会是我们想要过的那种生活。纵观本书，我一直强调，如果我们在意任何东西，我们就必须关心我们所在意领域中的真理，也包括那些诸如道德领域在内的关怀并非选择性（optional）的领域。本章中我想回到这一主张，并更仔细地审视关心某个对象和关心与之关联的真理之间的关系。真理价值与我们所重视的其他东西之间究竟有什么关系呢？更普遍意义上说，真理与好生活之间究竟有什么关系呢？在知识比真信念更好这一假设之下，知识对于好生活究竟有何贡献呢？诸如理解这样的其他认识价值又如何呢？

　　在第一章中，我提出鉴于我们会关心其他东西，我们会要求我们自身关心真理。尽管我没有论述真理就其自身而言是有价值的，但是我同样也不否认这一点。本节中我想考察有关真理价值的问题：（1）真理是如何依照我们所重视的东西而具有价值的？（2）真理就其自身而言同样有其价值吗？（3）所有情况都考虑的情况下每一真信念都有价值吗？（4）这些问题的答案会告诉我们什么有关知识价值的东西呢？

132　　某个东西可能是好的，将其在可取的与可钦慕的两种意义上进行区分会富有启发性。那些可取的东西就是那些对我们来说好的东西。它们使我们作为人类而蓬勃成长（thrive）。这些东西包括长寿、健康以及未遭受痛苦、舒适和人的各种享受、友谊、爱慕关系（loving relation），以及将我们的天赋用于令人满意的工作中。说这些东西是可取的，并不等于说它们的可取性不会被其他善所超越。大部分可取的东西只不过是表面看来可取而已，它们不是无论如何均可取的。首先，鉴于某些偶然的情形，这些可取的东西中会出现一个与另一个相冲突。一个好生活所带来的愉悦可能损害健康；花时间与朋友相处可能有损创造性活动；一个理智上富足、有创造性的生活可能充满着压力。过健康的生活可能占用幸福生活（flourishing）构成中其他要素的时间，包括朋友、创造性活动，至少对于有些人如此，比如他们的健康需要相当多的关注。此外，这些善中有一部分可能与道德相冲突。因此，认为这些善是可取的不等于说什么因素都考虑在内，它们在所有情形中都是可取的。

如果真信念是可取的，其可取的方式就与一个好生活的其他可取的方面之为可取的方式相同；它是表面上看可取的。一个特定真信念的可取性可能会被可取的生活的其他特征所击败或超越。① 我们不可能把所有时间都花在追求真理上，因此为了其他善我们就有必要放弃获得一些真理。我们同样知道，有些真理会伤害我们。我并不清楚任何会告诉我们伤害何时胜过真理的规则，但是在说真信念只是表面可取时，我的意思是允许在某些特殊情况下失去真理会比获得真理更好这种可能性存在。甚至拥有假信念或许会比真信念更好。大概可以说，鉴于真理与我们所在意的很多东西之间的强关联，出现假信念比真信念更好的情形并不多，但是我不排除存 *133*

---

① 我认为，在胜过（outweigh）另一善的善与击败（defeat）另一善的善之间存在差异。当 A 之善（the goodness of A）胜过 B 之善时，B 之善（the good of B）并没有被 A 之善替代（take away）。相较之，当 A 之善击败 **B** 之善时，B 之善（B's good）就被 A 所替代；它被取消了（nullify）。这个差异的最明显例子涉及表面的责任，例如，信守承诺的责任。假设我告诉一个朋友说，我将跟她一起吃午餐，但在我准备赴约时，我发现我的邻居需要有人带她去医院急诊室。帮助我邻居的善胜过信守承诺与朋友吃午餐的善，但是前者并没有取消后者。甚至即使我应该先去照顾我的邻居，由于承诺，我仍然亏欠于我的朋友一些东西——至少在我能做到时该给她打个电话。然而（例子源于柏拉图的《理想国》），假设我借了一把刀，但是发现借出刀的人想要回刀，是为了杀死另一个人。归还其所有物的善就被协助他犯罪的恶所取消。前者的善被拒绝任何如此帮助的善所击败。胜过与击败之间的差异对某些读者而言可能很有意思，但是我在本章中不会继续这个话题，并且在大部分情况下会忽视这一情形。

在这样情形的可能性。

　　某个东西之为善的第二种方式就是在值得钦慕的这一意义上而言。我将值得钦慕的东西视为钦慕情感的契合对象。道德与理智德性是值得钦慕的，同时包括体育运动、科学和哲学在内，任一人类活动领域的审美属性与卓越表现也是值得钦慕的。如果真信念是善，它是在可取意义上之为善，而不是在值得钦慕意义上而言。知识就是类似于因为获得真信念而得到赞誉这样的东西（knowledge is something like credit for true belief），如果我在这一点上是对的，那么它就是一种成就（achievement）。在值得钦慕这个意义上它是善的。因此知识就是一个状态，在这样的状态中，信念持有者会因为其值得钦慕而实现（get to）某个可取的东西。①

　　道德哲学中一个重要的话题就是这两个意义中的好生活之间的关系。一个值得钦慕的生活——有德性的生活，是如何关联到一个可取的生活——拥有我们视之为好东西的生活呢？在另一文献（Zagzebski，2006b）中，我已经论证过值得钦慕的生活是可取的。做到值得钦慕的（to be desirable）就是可取的。我认为能够进行论证的是，知识是可取的，不是因为它有可取的要素——真信念，而是因为通过理智上值得钦慕的动机与行为，实现真理而可取。不过即使我的后一个主张有错，至少很显然的是，如果真信念是可取的，知识就是可取的。而且就像其他可取的善一样，没有理由认为知识是绝对意义上的善；无论是知识还是真信念均不过是在表面上可取的。特定情况下知识的可取性可能会被其他可取的善所击败或超越，比如未遭受痛苦和令人满意的生活。

　　伦理学中相类似的论题则包括：一个符合德性并因此而值得钦慕的行为的可取性，会被一个可取的生活的其他特征所击败吗？伦理学问题会比相应的知识论类比更为困难。我认为尽管可以主张符合德性的行为的可取性从不会被其他可取的善所击败，但如果主张知识的可取性也从不会被好

---

　　①　赞誉（credit）看上去是比值得钦慕的事物更弱的评估概念，但是它与值得钦慕的事物处于同一个家族，而不是与可取的事物处于同一个家族。当我们给予某人赞誉时，我们就是称赞（commend）他们。鉴于有些读者认为赞誉比值得钦慕的事物更弱这一点很关键，我建议，在我讨论我们称某物好的时候所区分的两个意义中，用"很赞的"来替代"值得钦慕的"。

生活的其他可取特征所击败就并不合情理。即使知识始终有其值得钦慕的，或者至少是很赞的（commendable）特征，但是并不是每一知识从各方面考虑都是可取的。甚至或许会有知识的一些对象不值得任何人知道。

为了弄清楚是否有不可取的知识，让我们回到真理的可取性与我们所关心的东西的可取性之间的关系。在意某个东西要求我们与在意的对象之间有着认知关系。在没有输入所关心的一个对象的信息的情况下，难以维持一定的关心程度。如果我喜欢杜乔（Duccio）的艺术，我会发现假如停止看他的画作，也不再学习他的艺术的任何东西，那就难以继续爱他的艺术。无论如何，关心杜乔会让我想要获得有关他艺术的信息。大致说来，尽管因为相较于杜乔的艺术，我关心更多的东西，因此我就没有理由沉迷于他的艺术，但是如果其他情况都一样的话，我越关心，我获得有关它的信息的需求就越强烈。对我而言获得有关杜乔的信息就是善吗？我认为只要对我而言关心杜乔是善，就确实如此；并且我也不知道为什么不能如此，倘若不在意很多选择性的东西我们就无法过上好生活，而且我又假定了关心杜乔的艺术是可选择的东西之一。

此外，我在意某个东西就会要求我获得大量有关它的信息，它们在服务于我所感兴趣的东西这个问题上具有工具性价值。获得有关杜乔的信息能够服务于很多兴趣，其中有些兴趣并不属于非认识上的。或许我想要通过艺术史课程的考试，或者吸引某个艺术爱好者的注意力［就像伍迪·艾伦（Woody Allen）在电影《人人都说我爱你》中就是为了让朱莉亚·罗伯茨（Julia Roberts）印象深刻才学习丁托列托（Tintoretto）的艺术］。工具性价值也是条件性（conditional）价值的形式之一，原因在于手段的价值取决于我们在意的目的价值。对于某人而言，只要在意通过考试或者给一个艺术专家留下深刻印象是善的话，那么对他或她来说关心与那些目的存在工具性关联的真理同样也就是善。因此，有很多真理对我们而言是善，它们依赖于以下事实，即（a）我们在意某些东西，且（b）对我们而言在意那些东西是善。

然而很显然并非所有真信念在这样的条件性意义上都是善。很多真理是无关紧要的，因为它们所关涉的领域是我们并不在意的，并且它们不是在工具意义上与我们所在意的东西相关联的。索萨给了个海滩上数沙粒的例 *135*

子来表明其立场——不是所有真理都值得拥有。据索萨（Sosa，2001）观察，数沙粒无助于我们任何利益。事实上，有人或许会对沙粒的数量感兴趣，并且如果她不费什么努力就得到这一答案的话，我们或许并不会反对。然而假定有人非常关心沙粒的数量，并且她愿意花上超级多的时间努力弄清楚这个答案。难道我们会说对她而言得到这一答案是善吗？也许我们会这样说，但更可能的情况是我们会想知道一个人如此在意这一琐碎的信息到底是怎么了。

只是因为我们拥有我们所拥有的人之本质（nature），因此有一些真理可能对我们人类中的任何一个都无关紧要。在意海滩上沙粒数量的某个人，可能恰恰是拥有对人类而言有悖常理的兴趣。她的兴趣没有使相信沙粒数量究竟有多少的真相变得可取。实际上，我们或许会认为，有关这样的一个人会有两样东西不可取，即她信念的琐碎性和她兴趣的反常性。

不过对于我们所考虑的事实上琐碎的真理，在某类情形中，相信这样的琐碎真理，并且经过长时间努力而发现它，这对某人而言就不是无关紧要的，或许甚至对于我们所有人而言都不是无关紧要的。最近我发现，古希腊数学家阿基米德（公元前 3 世纪）写了一本名为《数沙器》（*The Sand – Reckoner*）的著作，在这本书中他发明了一个方法，用来确定理论上宇宙能够容纳沙粒数量的上限（运用现代科学计数法，他的答案是 8×10^{63}）。为了完成这一计算，阿基米德不得不发明了一个方法来使用非常大的数字，因为那个时候还没有方法来表示大于 10 000 的数字。① 这个例子很有意思，原因是即使你认为他的问题与答案很琐碎，他为了得到这一答案所不得不发明的方法则不是。

不过即便有这些不可思议的例子表明那些明显无关紧要的真理被证明并非如此，似乎仍然可能是，还有很多真理真的无关紧要，不管你如何看待它。很多真理对某个具体的人而言是琐碎的，有一些真理对所有人或许都是琐碎的。不妨想一想所有那些你要面对的每天电视中或者日常工作

136

————————

① 数学史家奈兹（Reviel Netz）已经指出，阿基米德能够想象实际的无穷大，他在无穷大这个概念上比那个时代的哲学家们更为深奥。参见约翰斯顿（Theresa Johnston）发表在《斯坦福杂志》（*The Stanford Magazine*）2007 年 9/10 月号上的文章《我找到了！》（*Eureka!*）。

中的盲目的唠叨。甚至即使你用这些方法所选择的信念为真，它们或许并没有表面的可取性。如果它们的可取性取决于某个你在乎的东西，那么它们就没有满足这一条件。

还有一个可能，即每个真信念是表面上可取的，原因仅仅在于它为真。① 也许真理本身还有某种可取的东西，不管我们在意什么。拥有一个真信念就是让你的心智以某种合适的方式与某些实在相一致。鉴于我们就是我们所是的那种人，有可能这对我们而言始终是好的。如果是这样，每一真信念对我们来说都有表面的善。继而可以认为，某些真信念之所以对我们而言是好的，原因在于信念与我们所在意的事物之间的关系；这些就是有条件的善。不过除此之外，所有真信念可能对我们来说都是善，原因只是这样的信念为真；它们的善并不取决于任何其他东西。

我愿意承认，每一真信念表面上都是可取的，原因只在于它为真。尽管如此，如果通盘考虑的话，每一真信念都是可取的则基本不可能。正如我们已经看到的，信念对我们来说是善这一事实能够被其他东西所击败，后者对我们而言也就是善。即使每一真信念都有一定的并不取决于我们所在意的东西的价值，也不能随之认为它所拥有的价值就非常大。只要其价值仅是表面性的，它就能够被其他东西所胜过或击败。

因此必然的结论就是，从各方面考虑，并非每个真信念都是可取的。或许有些信念通盘考虑之后对每个人来说始终是可取的，但也许这样的信念不会有很多。有一些信念对我们而言并不能称之为善，同时有些真信念甚至对我们来说还很糟糕。有的真信念是不可取的。既然真信念并不处于那个值得钦慕的事物范畴中，那么如果各种情形都考虑在内，就可以认为有一些真信念在这两个意义上都不能称为善。

需要注意为了知识价值到底要如何做。在第五章中我提出，某种形式的知识的赞誉理论是最好的可选对象。根据该理论的最简洁形式，知识（knowing）就是信念（believing），在其中行动者因为获得真理而获得赞誉。要不然的话，知识就是信念，在其中行动者通过尽责的认识行为而获 *137*

---

① Kvanvig（2003：41）和 Lynch（2004：55）就假设了这一点。Lynch（forthcoming）也称之为"**此时**价值"（*pro-tanto* value）。

得真理。然而如果一个给定真信念不足取的话，那么为何因为这个真信念而给予行动者以赞誉呢？而且如果有些真信念不足取的话，相比较她为此而得到赞扬（praise），说她因为获得真理而受到指责也许更说得通。尽管说假如每一真信念在其为真的意义上可取的话，那么行动者因为获得真理而得到赞誉就是可取的（credited with），但是被归功于（credited to）她的真理或许并不像奖励（prize）所带来的那样多，而且正是奖励才会被拥有该信念所带有的其他不可取特征所胜出。

这一点同样可以适用于我所提出的，知识就是通过尽责的动机与行动而实现真理。如果综合来看有的真理不足取的话，那么同样不清楚的是，我们为何应该认为通过关心真理而实现它才是可取的。如果某个特定真信念的价值很低，那么即使出于爱真理而相信它的价值比较高，它又能达到多高呢？

我想指出有一种关于知识的尽责性的论述，它使得上述情形似乎不太可能。我们不会认为，当某个特定信念的真理不足取的时候，关心该**特定**信念的真理会在认识上强化相信这个真理。不妨来看看第五章中讨论的"便利知识"的情形。假设我注意到图书馆地板上有一点灰尘。我真的相信那里有一点灰尘，并且正常情况下符合德性的自我信任不会要求我为了确认我的信念而做特别的研究，因此我知道地板上有灰尘。被热爱真理的一般动机所统辖（govern）的自我信任尽管增强了我的知识水平，但是对图书馆地板清洁程度的真理的特殊热爱却做不到这一点。如果我对清洁程度比较狂热，那么鉴于我在第一章中的论证，我就有理由对我有关清洁度的信念做到尽责，但是我的古怪特质（peculiarity）并没有让我获得知识或者增强我信念的认识地位。根据尽责理论，真正赋予我知识的东西乃是出于对真理一般意义上的热爱而获得真理，以及我从关心真理中发展出来的德性。尽管如此，我们仍然被迫得出结论认为，如果它所强化的真理并不足取的话，在某特定情形中知识就不是很有价值。

不管我们倾向于什么样的知识观，这就是有关知识价值的普遍难题。在本书所考察的每一个知识定义中，甚至当这样的定义成功辨识了使得它比真信念更好的信念状态的特征，如果真的相信某个命题并不格外好的话，那么知道相同的命题同样不会格外好，并且不会因为坚称每一真信念会因其为真而具有某个价值，这样的情形就会得到改善。没有理由认为真理价值自身就非常大，而且无论它有什么价值，如果考虑所有情况，它就可能被一个信念所具有的使得其不足取的其他特征所超越。

我不会把这一点视为对我们上述知识观的反驳。这里问题并不在于知识定义，而在于我们对知识的旨趣。知识在哲学史中已经受到持续的关注，很大程度上是因为我们假定知识是大善（a great good），其重要性足以值得所有那些关注。然而，经过反思会发现，并不是所有知识都特别有价值。但是很显然，**有些**知识是非常可取的，并且正是因为这些可取的知识，我们才将很多时间花在一般意义的知识上。

我认为，这里的意思是说，对知识论学者而言，聚焦于**可取的真理**才是至关重要的，而不单单是一般的真理。为了解释是什么使得真理之为可取，我们可以回到个体或集体意义上我们所在意的东西，我们会回答这一问题有一定可能。我们既在意很多个别的东西，而且从整体看，我们又会在意道德以及集体安全这样的东西。在个体或集体意义上我们在反思之后所在意的东西，这无疑也处于我所信任的事物的领域之中。既然自我信任意味着我们信任他人，那么我们在意什么就取决于我们信任的其他人所做的核查。如果我对海滩上的沙粒数量很着迷，并且其他人告诉我关心这样的事情是怪异的，那么我或许应该听从他们的意见（除非我是阿基米德）。

从个体或集体意义上我们应该在意的那些东西的界限这个话题不是知识论的论题，但是它影响我们思考知识论问题的方式。可取的与不可取的真理之间存在差异，这个事实导致了可取的知识与无关紧要的或不可取的知识之间差异的出现。如果我们想过一个好生活，我们就需要相当数量的可取的知识。尽管我们有可能获得最少量的不可取知识，但我怀疑我们无须专门努力做到这一点。

当真理不足取时，行动者会因为真理而获得赞誉，我们已然审视了这样的情形。还有一些情形，当真理可取时，她会因为真理而得到赞誉，但她不是因为真理的可取性而得到赞誉。换言之，她获得可取的真理可能是运气，即使她不是因为运气而获得真理。在科学研究中，有时会出现研究者碰巧做出了一项重要的发现。在某些这样的情形中，事实上研究者不是 *139*

因为运气才发现某个真理，相反这个发现变得很重要才是运气。

相比较她只是因为获得真理而得到赞誉，如果一个信念持有者是由于获得可取的真理而受到赞誉，难道她不是得到更多的认识赞誉吗？我已经主张过这一立场（Zagzebski，2003b）。如果她不是碰巧学会某个可取的东西以及某个为真的东西，那么相比假如她并非偶然获得真理，但是她获得真理是偶然可取的，她就拥有更高层次的知识类型。当她意识到她所追求的真理的可取性时，行动者通常处于认识上的高阶状态中。有的人是碰巧发现真理，就像哥伦布那样，他是在运用大量计算寻找另一个岛时碰巧发现了美洲大陆。有的人是因为发现真理而受到赞誉，但是就像哥伦布那样偶然发现了可取的真理，也会处于认识上的高阶状态，倘若他是通过正确计算如何才能到那里以寻找一个未知岛屿。有的人则是因为获得真理并且获得可取的真理而受到赞誉，就像哥伦布那样，如果他有理由相信他正在朝向一个主大陆（major continent）行进，并在行进中运用正确的计算。

当然，因为获得可取真理而受到的认识赞誉只是赞誉的种类之一而已。同样重要的是，我们获得了可取真理后，还会做一些与这些真理相关的事情，来使得我们的生活以及其他人的生活更好。

在第一章中，我提出我们对一个领域在意越多，我们就应该越加尽责地获得那个领域中的信念。然而糟糕的是，有些最为重要的真理难以获得，因此甚至极为尽责的信念持有者也可能只得到一般的结果。亚里士多德曾经做过与此相关的、非常富有想象力的评论，我认为如果我们认真对待的话，它将改变我们进行理智探究的方式。他说，即使有关神圣事物（celestial things）的贫乏知识也比有关我们所生活世界的所有知识更让人愉快，就像我们对我们所爱的人的匆匆一瞥，也比清楚地看到其他东西的全貌更令人愉悦一样（*Parts of Animals*，644b32-35）。当代知识论学者所列举的知识例子都指向状态，这些状态的对象很清楚、简明且没什么争议，任何人都能通达，并且理论关注集中在我们把握这些信念对象或信念基础的方式，而不是对象自身。因此，通过知觉或记忆获得的最便利的知识情形，就是典范（paradigm）。对作为行动者的认识者而言，这些情形提出了最低的要求，并且它们对于试图解释它们的理论也要求不多。

不过，一旦我们考虑到那些潜在的、被亚里士多德称为神圣事物的东西的知识，事情就会变得不一样。这些对象的重要性使把握这类对象的状态变得有价值，即使把握这些对象的方式有缺陷。换言之，只要我们获得重要的真理，我们或许并不在意我们是否因为实现这样的真理而得到**赞誉**。这就意味着，相比较知道更为多余的对象，仅仅相信某个真的、重要的东西或许会更好。

在第五章中我们大部分注意力都集中在知道与真的相信同一个事物的差异上。如果我们更多关注认识对象的价值的差异，那么或许就不会如此明显地对比相信日常对象的不同方式。我们会对获得正确的对象更为感兴趣，而不是得到那个对象的正确方法。

因为知识对象的本质或许决定了知道它的恰当方式，因此研究知识的常用方法同样以另一种方式被扭曲了。当认识对象非同寻常时，我们知道它的方式或许同样也不一般。具有讽刺意味的是，如果我们对弄清楚如何知道那些重要的东西不感兴趣，我们根本就不会再做知识论研究，但是对经验知识的研究或许无法告诉我们很多有关这一方面的东西。

在我看来，这就是宗教知识论为何如此困难的原因之一。通常情况下，知识论中所用的模型通常对宗教领域并不适用。同样的想法也可应用到哲学领域中。一个尽责的信念持有者应该如何获得哲学信念呢？如果有哲学知识的话，什么样的知识理论会对它进行论述呢？按照我严肃的怀疑立场，相比较通过对知觉对象知识的考察，我们通过对比知识与真的相信有关那些对象的命题，所获得的东西将会少得多。

我主张，通过模仿那些拥有这类知识的人，以及我们认为明智的那些人，我们会获得更高阶的那类知识。我并不是说我们根据其证言相信他们相信的东西，而是说我们通过模仿他们的理智习惯与认识方式，学会如何获得有关他们知道的那类事物的知识。这就要求我们信任我们有能力识别那些明智之人，并信任他们获得那些最可取的知识类型的更好的能力。我 *141* 认为在我们获得专门领域的知识时我们所做的事情相同。我们模仿那些已经掌握这一领域知识的人。仅仅依赖于我们自己的天生能力，并且又不涉及对他人的模仿的知道方式，是局限于很基础的知识，也被我称为"便利知识"。即使对真理的爱，就像对他人幸福的同情，是与生俱来的，被我称为尽责之心的那种经规训而形成的对真理的爱，就是习自他人。

对于认识上尽责的人来说，大部分做法都是从范例（exemplar）中遴选出来的，并且我认为理智德性就是通过模仿而习得的，其方式与学习道德德性相类似。通过模仿来学习在专门领域中很常见，比如人类学、医学、建筑学以及园艺学。每一个领域都有实践者提出的很多方法，它们在该领域的实践过程中被传递给下一代。同样的思路可应用于冥想与沉思的方法，它们是历经很多个世纪由精神高尚的大师所发展出来的，能够产生高级知识，或者它会形成理解（understanding），这也是下一节的主题。

第二节 理解

在哲学史中，不同时期的知识论主流一直是确定性与理解的价值，其间差异在如何理解知识的方式上反映出来。大致概括一下的话，在以怀疑主义的恐惧为标记的时代中，主流的价值是确定性。而在那些阶段，知识就与确证密切关联，因为确证就是我们想要辩护我们有权利确定的东西（justification is what we want to defend our right to be sure）。与之相比，在那些视怀疑主义毫无威胁的时代中，理解就是主流的价值。在那些阶段，知识与解释密切相关，因为理解是通过解释而展现的。

正如我们在第二章、第三章中所见，怀疑主义对现代哲学有着巨大的影响，因此理解几乎受不到关注也就毫不奇怪。忽视价值所带来的让人伤心的后果之一，就是意义的碎片化。人们用"理解"一词能够意味太多 142 不同的东西，以至于人们难以辨识已经遭到忽视的状态。这就可能产生恶性循环（vicious circle），因为疏忽（neglect）导致了意义的碎片化，这似乎就确证了更进一步的疏忽与更进一步的碎片化，直到最后，概念有可能完全消失。①

幸运的是，有迹象表明对理解的忽略正在得到补救。② 本节中我想关

---

① 在我看来，"德性"与"恶性"这两个词一直是疏忽与碎片化这个循环的受害者，直到德性伦理学在约 30 年前回归。

② 近年来一些有关理解的研究出现在 Kvanvig（2003）、Riggs（2003）以及 Grimm（2005）中。

注一些理解所具有的有意思的特征，并且将考察理解对我们为善的一些方式，或许对我们而言一般会比知识更好。

有些哲学家认为，理解是一种知识（Grimm，2006），他们有可能是正确的，但是我想强调命题知识与一种既重要又被忽略的理解之间的差异。事实上，我认为值得怀疑的是，我头脑中所拥有的那种意义上的理解是直接指向命题的。举个简单的例子，当我们从一幅地图或照片获得理解时，我们掌握了命题了吗？地图、照片以及图表都是对某个东西的非命题表征——比如一个城市的布局、利率与通货膨胀率之间的关系、柏拉图的理型世界与物质世界之间的关联等等。我不否认，在某个人非命题性地理解某个东西时，通常会有相对于非命题表征的命题性替代物（alternative）。如果你能够命题性地解释如何从一个城市的一个区域到另一个区域，那么我们或许就认为那就像是在地图上看着如何到那里一样好。同样的思路可应用到以命题来解释，一个经济因素是如何随着另一个因素而变化的，或者柏拉图的两个世界之间的关系。毕竟**柏拉图**命题性地解释了他的理论。然而不能随之认为，通过图片或图表理解一个东西的状态，与把握或相信一组命题的状态相同。

有可能的情况是，被非命题性理解的**东西**（*what*）（比如一个城市的布局），与我们能够命题性知道的具体实在的构成部分相同。或许理解与命题性知识是在认知意义上把握相同对象的不同方式。尽管我怀疑这有可能是对的，但我同样认为理解不只是达到同一目标的不同路径。在有些情 *143* 形中，命题知识是理解的粗劣替代者——比如理解一个你爱的人。同样可以想一下，理解艺术或音乐作品意味着什么。我有一个值得尊敬的、上年纪的朋友，他精通音乐，出于爱好常常看乐谱。他最近向我抱怨说他失去听（listen to）音乐的能力了。他仍然能够听到音乐——也就是说他能够听到声音，但是他不再能理解它。他过去一直在做的是什么呢？不能再做的又是什么呢？即使有可能命题性地描述音乐的结构，我觉得可以怀疑的是，掌握那些命题是不是恰好就是他失去的东西，并且同样值得怀疑的是，掌握特定的命题是不是就足以替代他过去听音乐时所能够做到的东西。

我已经指出，在哲学史中的非怀疑主义时代，知识与理解紧密关联，但是我只想将柏拉图作为例子。柏拉图将知识（epistêmê）与理解密切联系。① 一些柏拉图学者主张，柏拉图那里的 epistêmê 是与技艺（technê）——实际的人类艺术或技能的掌握相联系的。② 柏拉图的 technai 观念包括了复杂活动，比如医疗、狩猎、造船，以及更多具体的涉及时间的技能，如厨艺，或者甚至做糕点。现代的例子则会包括踢足球、考古以及大提琴演奏。掌握技艺的人就有一种理解，一个人无法通过其他方式来获得这样的理解。他能够解释技艺的特征，并回答与这一实践相关的问题。法因（Gail Fine）说：

> 基于我已提出的"关于柏拉图的"观点，人们能在解释更多的意义上知道得更多；知识需要的不是想象，也不是一些专门类型的确定性或不可错性，而是足够丰富的、相互支撑的解释性观念。知识对柏拉图来说，没有逐个地继续讲下去；为了知道，人们通过相互关联以及解释其多样的要素，必须掌握一个完整的领域。（1990：114）

144 根据法因，要拥有柏拉图意义上的知识，一个人就必须掌握一个完整的领域。如果一个人没有相互关联并解释它与天文学领域中的各种要素的关系，就无法拥有关于天文学事实的知识，并且一个人只有掌握作为天文学家的技艺（technê）才能做到那样。因此如果一个人没有能力解释其在更大理论框架中的地位，就无法理解一个领域的某一部分，并且通过掌握技能（skill），一个人才获得相应的能力。同样，如果做不到解释该特征如何契合更大的人类心理学框架，一个人就无法拥有人类心理学的某一特征，并且这同样要求掌握心理学家的技艺。

莫拉威西克（Julius Moravcsik）同样主张，理解是柏拉图核心的知识论目标，并且他将它与命题知识加以对比：

---

① 莫拉威西克（Moravcsik, 1979）将"epistêmê"译为"理解"，而法因（Gail Fine, 1990）将其译作"知识"，但是强调它与理解密切相关，是知识的形式之一。

② 参见 Moravcsik（1979）、Fine（1990）、Woodruff（1990），以及 Benson（2000, Sec. 9.4）。

唯一会让我感兴趣的命题知识，将是源自柏拉图所设想的那种理论理解。柏拉图对单纯的真理知识毫无兴趣；命题知识就其可能的意义上而言，在对话中占有重要地位，在某些情形中它会是理解的证据，并且为实践活动所需。(1979：60)

当然，柏拉图在 epistêmê 问题上有很多论述，不过我之所以选择这些关于知识论的评述，是因为在我看来，可以从中引出两点，它们适用于当代的理解研究。第一点，理解与学习艺术或技能（technê）相关联。通过知道如何把某件事做好，一个人才获得理解，这就会使一个人成为可靠之人，他能够就这里所说的技能相关的东西提供意见。我并不主张每一理解的具体情形都以这样的方式与 technê 相关联。有些理解的情形就很容易，它们只要求很简单的过往经验——比如在美国理解停车指示（stop sign）。因此我认为，就像有"便利知识"一样，或许也有"便利（easy）理解"这样的情形。不过我认为，有关理解的越来越多有意思也很重要的例子会与技能相关联。

这就导致第二点的出现，即理解并不指向不相关命题，而是涉及各部分之间关系的把握，或许也还涉及部分与整体之间关系的把握。这样的关系可能是空间上的，比方说一个城市中某个坐标的相对位置，同时它们也可能是时间上的，就像在一个音乐作品中那样。其中一种重要的关系就是因果关系，或者从更普遍意义上说，就是格里姆（2005）所称的依赖关系。格里姆提出，理解从根本上说就是对依赖关系的把握。对我而言，除了接受一系列命题之外，或者甚至是替代了对一系列命题的接受外，一个人对其所把握的关系的心理表征，可能通过地图、图片、图标以及三维模型来进行。

还有第三个特征将理解与命题知识区分开来，它具有一些让人感兴趣的意涵，即知识能通过证言获得，而理解则不可以。一个尽责的信念持有者能够基于他人的证言获得真信念，并且条件合适的话，就会因此而获得知识。当然，通过证言获得信念构成知识需要相应的条件，有关这些条件还有很多论题，不过从实践意义上看，没有哪个人会否认证言知识的可能性。知道的（knowing）状态能够从一个人传递给另一个人，原因在于知道就是相信的形式之一，并且信念能够由一个人传递给另一个人。①

　　理解无法以那样的方式进行传递。事实上，除非在间接意义上，理解根本就不可能被赋予另一个人，这里的间接意义意味着，一个好老师能够重建产生理解的条件，这样学生才有望同样获得理解。因此，如果你通过看地图，理解了如何从米兰大教堂（Duomo）到佛罗伦萨的乌菲齐（Uffizi），你就能把地图给另一个人后，用手指在地图上给他画出路线，让他获得相同的理解。你同样可以画出图表和图片，并且你能够一遍又一遍演奏某段音乐，增强节奏感（exaggerating patterns）。不过在理解需要掌握 technê 的那些情形中，如果不教他们 technê 的话，你就无法将理解赋予他们。尽管从另一个人那里人们可以习得汽车力学或者厨艺或者飞钓（fly fishing）或者哲学，但他们无法通过证言来获得理解。如果我的同事相信枫树上的叶子正在变得鲜红，他就能够告诉我，并且如果我信任他的话，我也会相信他所说的，再有如果他知道树叶是红色的，我同样也会知道这一点，假设我们两人对于你的知识理论所要求的无论什么条件都能满足。然而，无法进行类比的是，他无法通过什么方式将他对树的理解传递给我。不像信念，理解并非从证言发出者传到接收者。这个人自己的心智必须要做理解"工作"。

146

　　我认为这对于解决道德知识的困难很重要。有些哲学家认为，那些依据证言而接受道德信念的人，都在认识上或道德上有些缺陷。② 一个尽责之人会运用其自身的道德感以及背景知识而形成道德信念，并且不会依据他人证言而接受道德信念。根本不存在道德权威。

---

　　① 格里姆已经向我指出过，不是每一种命题知识形式都能够通过证言而得以传递，比如先验的知识。我能够通过证言知道另一个人先验地知道什么，但是我并不先验地知道它。另一个可能的例外就是道德知识，我们将在下文中展开讨论。

　　② 参见霍普金斯（Robert Hopkins, 2007）对这个问题所做的有趣讨论。霍普金斯主张，没有理由否定道德证言会使得知识对接收者而言是可把握的。如果根据证言接受道德信念有什么问题的话，那么就是有某个规范使知识变得无法使用。霍普金斯为这一规范提出最可能的替代方案，就是要求我们出于我们自身的考虑来把握道德观念背后的道德理由。

　　尽管这一观点广为人知，但其困难之处在于如何辩护这样的立场。很显然，需要道德教育的孩子会从其所信任的成人那里适当地获得道德信念，甚至成年人也会发现很多道德信念对他们而言都太过复杂而无法理解，在他们碰到道德判断问题时，也会确证地依赖从他们所信任的人那里获得答案。在很多问题的判断中依赖所信任的人很常见，比如生物伦理、环境伦理、职业伦理，因为这些情形通常部分依赖专门领域中的非道德知识。还有一个更为困难的情形，一个正常的成年人在这样的情形中能够对某个论题做出具有非凡见识的判断，并且做出这样的判断并不要求行动者具备专门领域的非道德知识，所以虽然她**能够**不依赖证言而独立形成道德判断，但她没有如此做。

　　让我们假定 S 基于假设——如果 A 满足知道某特定行为是对还是错的要求，她就没有必要做同一件事，接受 A 的道德判断。S 有可能要么得出判断认为 A 是一个有高级的实践智慧的人，并相比于她是她自己而言，她是对于某件事而言更好的道德判定者（moral judge），而且她信任所做出的那个判断，要么就是简单地信任其判断，认为 A 至少在实践智慧和任何必要的背景知识这方面与她自身相同。既然在 S 原则上能够获得一手信息时，我们通常不会认为 S 基于 A 的证言而接受一个信念无效，那么我们为何就要认为在牵涉到道德问题时，情形就有不同呢？如果认识自我主义是错的（并且，如果我在第四章中是对的，即认识自我主义是不融贯的），那么道德的认识自我主义为什么就会更好呢？

　　在论证认识自我主义的不融贯时，我提出如果我有证据表明我比其他 *147* 一些人更加值得信任，在此意义上，我同样有证据证明其他有些人比我更加值得信任。此外，我的认知钦慕的情感处于我自身特征的循环之中，这样的特征是在证明我的可信任性之前必须信任的。以上两个原因都让我合理地信任他人的道德判断，至少要像我信任我自身的道德判断那样。当然，还有一个几乎不足提的意义，在此意义上我必须遵从我的良心——如果我的信念引起了相应的行为，我就是做出最终判断的那个人并且我的行为所依据的就是这个判断。然而这并不意味着，我应该遵从未受影响的良心。正如安斯康姆（Elizabeth Anscombe，1981）在二十多年前所主张的，只有愚蠢的人会认为他自己的良心才是定论（the last word）。"正如任何理智之人所知道的，其记忆有时会欺骗他们，任何理智的人都知道，一个人以尽责之心所决定的事情，他后来又会以尽责之心懊悔。"（p.46）一个尽责之人会通过咨询他所钦慕的那些充满智慧的人在相应问题上的看法，或者在这一情形中有证据表明其值得信任的人，来避免将来出现懊悔之心。

因为这些原因，似乎对我来说，我能够基于认识上尽责的证言形成道德信念，并且如果它是认识上尽责的，我就有认识权利相信它。更进一步，如果这样的信念为真，它就能够构成知识。我看不出来根据其他人的证言所形成的道德信念原则上有什么认识上的问题，因此如果这样的信念有什么不对的话，它必定是个道德原因，而不是认识原因。也许会有这样的原因，如果确实有的话，那么就应该是在伦理学，而不是在知识论中阐述的论题。

然而需要注意的是，我们已然辨识了证言无法给我们的认识之善，那就是理解。如果我的工会发起罢工，我就处于我的认识权利之中，可以根据被信任的那些人的证言，相信我应该罢工，并且我可以有那样的权利依照那个信念而行动，但是如果我没有把握罢工的道德理由，我就缺乏相应的认识之善。如果我的教会告诉我堕胎是错误的，我就有认识权利相信它是错误的，但是如果我没有把握它错误的原因，我所处的认识地位就低于那种如果我把握了错误原因所处的情形。不过这并不表明道德证言有什么奇怪的地方，因为我已然主张一般意义的证言无法给我们以理解。

为何道德理解很重要呢？原因之一就是，道德理解允许我们看到个体道德判断间的关联，因此如果我们在为理解其背后更加广泛的道德原因的情况下，就根据证言接受道德信念，我们就无法将我们的判断普遍化以做出相关的类似判断。比如，如果我根据另一个人的证言相信某个行为是性别歧视，那么缺乏对该行为怎么就是性别歧视的理解，以及使得性别歧视被归为错误的那些原则，就会阻止我运用那个知识对其他行为的错误之处做出判断。缺乏相应的理解同样会阻止我能够批判地反思，我应该如何根据性别歧视行为的错误之处的判断来修正我其他的一些判断。①

---

① 琼斯（Karen Jones，1999）提到了这两个理由。

通常情况下道德理解对好生活是比较重要的，但是也不能随之认为，如果我没有理解我所拥有的每一道德信念的道德理由，我就缺乏任何有意义的东西（anything of importance）。比方说，不顾及环境而肆意排放温室气体是不道德的，对于这一信念而言，我认为每个人是否理解其背后的道德理由并不重要。如果我的年长邻居根据证言接受这一信念，他就缺乏对这个道德话题的理解，并因此而缺乏他或许可以有的认识权利，但是无论对他的生活，还是对他人的生活，他有那样的理解并不十分重要。没有人能够理解所有东西，更不要说每一件具有道德意义的事情了。我们过好生活所需的信任有一部分就是信任我们族群中的其他人拥有我们所缺乏的理解。这或许就是每个人都缺乏的某一道德理解，如果我们能够辨识出那些领域的话，它们就有助于我们的生活。

为何道德理解一般说来比其他领域的理解更为重要呢？我认为答案就是一种柏拉图主义回应——过生活（living a life）就是 technê；生活是个实践领域，并且过得好（well）就是掌握生活的 technê。道德理解与活得好有关系，就像理解医学相关于成为一个好内科医生，以及理解汽车力学相关于成为一个好的汽车技师一样。既然没有其他人能够替我们过我们的生活，那么我们每个人都需要理解，它对于掌握过我们生活的 technê 非常必要。

然而我们无法凭空做到掌握我们生活的 technê。还有一些属于族群的集体技能，习得这些技能就使得族群中的个体有可能过上一种生活——它们包括了关心我们所关心的很多选择性的事物。道德理解源自对生活在一个族群中的技能的学习。为了掌握生活在我们个体生活中的 technê，我们同样有必要理解我们在意的其他领域。理解不单单是某种使得我们的生活比其他情况下那样更为可取的东西；对道德以及我们所在意的其他领域的理解，对于掌握我们过好我们生活的 technê 是必不可少的。① *149*

我在这本书中没有谈我们是否能够在选择性领域中选择我们所在意的，而且如果可以的话，我们又如何决定在意些什么东西。这个问题就让

---

① 沃尔什（W. H. Walsh）讨论道德技能与道德权威之间关系的论文就富有洞见，参见 Walsh（1965）。

我们回到自我的本质，并直接导致因为其困难而让我在本书中一直避免的那个话题——自我知识与自我理解。① 不存在有关选择性关心的规范，这对我而言几乎不太可能。尽管一时兴起而关心事物无疑并不明智，但是没有理由认为有什么规则能告诉我在选择性领域中我应该关心些什么。如果有的话，关心就不真是选择性的。

很大程度上，我们是通过我们在意些什么来界定我们自己，因此我们就必须要认真对待我们所在意的东西；我们或许并不喜欢我们通过在意某特定对象而成为那样。不过如果我们真的成为我们所在意的那个对象，我们为什么会不喜欢呢？比方说，如果我们通过关心我们自己看起来的那个样子，并据此而界定我们自己，那么我们为什么会不喜欢成为对他/她自身很在意的那种人呢？我怀疑这里的答案就是，自我有某些未被发现的构成部分，而且那些构成部分也没有被选择，当我们的行为与它们相悖时，那些构成部分就会被揭示出来。或者如果它们是被选择了的话，它们很久之前就被选择了。将自我理解为快乐的条件之一有很多方式，这就是其中之一。

第三节　理智和至善

西方很多重要的哲学家认为至善是有关理智的（the intellect）一个状态，我觉得这一点非常有意思。既然这本书的主题之一，就是有关什么东西使得知识之为善，那么我认为结束本书的合理方式就是关注以下奇妙的事实，即对于有些哲学家来说，正是由于它服务于其他某些善，因此知识不是善；有一类特别的知识是我们最终追求的那种善。

在柏拉图的《会饮篇》（*Symposium*）（206a）中，苏格拉底在他赞美爱的谈话中说，爱就是欲望，是在知觉上拥有美。这样的拥有发生于认知行为中，出现在理解永恒的理想——最高的人类成就中。在《尼各马可伦理学》（*Nicomachean Ethics*）第五卷中，亚里士多德主张，快乐就是与

---

①　海瑟林顿（Stephen Hetherington）讨论过有关知道自我以及人到底是什么这些问题，参见 Hetherington（2007），这本书写得很清晰，也很好理解。

德性相符的行为，最高的人类行为就是沉思真理。他为此给了两个理由。其一，理智是我们最好的组成部分（element）；其二，理智的（the intellect）对象就是能够被知道的事物中最好的那些（1177a19－21）。他继续说道，沉思的活动比包括探究（inquiry）在内的任何其他活动更能够让人愉悦："哲学或智慧的寻求无论是在纯粹性还是在永恒性上均提供了非凡的愉悦；并且可以合理地认为，相比较沉醉于寻求真理的人，那些获得真理的人更加愉快地度过其一生。"（1177a25－27）

阿奎那在亚里士多德幸福观之上增加了一层超自然的东西。快乐就是意志得以满足（satiation）的状态。快乐的人拥有全部的善，没有为意志留下任何东西。意志以其内在力量实现拥有相应的对象（The will wills to possess），并且是在沉思中才拥有了实在。所有实在都是在见主圣面（Beatific Vision）中得到把握，这种状态指的是那些受到祝福的人在天国中通过看到上帝而知道所有实在。① 快乐只会在死后生命中才能完全得以实现，然而有意思的是，即使在天国中，意志也是在理智状态中得到完全满足的。

斯宾诺莎或许是所有哲学家中最具原创性的哲学家了，因为他的著作不像其他任何一位哲学家。不过斯宾诺莎赞同很多重要西方哲学家的看法，人类努力所能达到的巅峰就是理智状态。斯宾诺莎区分了三个层次的知识。最低层次的知识就是想象（imagination），我们通过它而获得感觉材料（the data of sense）。由于这样的感觉材料会随机地受到在其周围的身体的影响，它就是在思考身体状态中的关联物（correlate）。想象是表面化的，充满着随意性，它与知觉者相关，也是很多错误的源头。这个层次不存在有关本质（essence）的知识，也没有必然的因果关联的知识。第二层次是理由（ratio）或科学知识，人们借此能够把握对象的本质。通 *151* 过理由，一个人理解自然的数学规律及它们在自然界不同构成部分之间因果依赖性上的表现（expression）。按照我对斯宾诺莎的解释，从某种意义

---

① 参见阿奎那《神学大全》（I-II：1-5）中的《论幸福》（*Treatise on Happiness*），其单行本可参见 Aquinas & Oesterle（1983），也可参见 Josef Pieper（1998）这本受托马斯主义启发而写就的著作。

上说，理由就是我在上一节中所描述的理解的形式之一。第三层次，也是最高的知识层次就是直观知识（scientia intuitiva）或者直觉知识。人们在这个层次，能够在无限解释——神即自然的语境中，把握宇宙中的每一事物。自然**就是**（is）神，它是无限的，因此在其整全性（entirety）中世界就无法在其细节中个别把握，然而它可以在单单对心智的把握中被直观。没有哪个人能够完全做到这一点，因为要做到的话，人们就要不得不拥有无限的心智——上帝心智，不过人们能够无限地接近它。在直观知识中，人们将整个宇宙视为一个统一体，因此这同样是理解的形式之一。①

人类能够实现的最高状态就是对神的理智的爱（amor dei intellectualis）——对上帝的理智之爱，这既是一个情感的迷狂状态，也是对直观知识的认识状态。根据斯宾诺莎的理解，对上帝（＝自然）知识就是心智的最伟大的善，并且实际上也是人类的最高的善。

我觉得有意思的是，对各种风格的哲学家而言，如古希腊两位最重要的哲学家、中世纪基督教徒阿奎那以及现代早期的犹太人斯宾诺莎，他们所追求的终极目标乃是一个理智状态。很多哲学家相信，因为笛卡尔的缘故知识论会成为哲学的核心领域之一，并且我也不会否认笛卡尔用知识论开启的哲学方法论，并因为这一方法论而获得赞誉。然而我认为还有另一个理由，这个更为古老的理由让我们明白知识论为何如此重要。如果我们的终极快乐处于理智的状态之中，那么弄清楚如何获得这样的状态就很重要。哲学家一直以来都致力于弄明白这一点，但是在现代之前，哲学家都是通过研究人的本质以及人类在宇宙中的地位，来处理理智的最高状态问题。尽管知识是重要的研究对象，但它被视作派生性对象。在笛卡尔之

152

---

① 戈德斯坦（Revecca Goldstein）就斯宾诺莎这个哲学家以及这个人做了出色的研究，参见 Goldstein（2006）。戈德斯坦称斯宾诺莎的体系为"迷狂的理性主义"（ecstatic rationalism）。尽管她表明了斯宾诺莎是如何避免被我们大部分人称为个人（the personal）的东西，但是她主张自我在对上帝的理智之爱中得到扩展，这种理智之爱所指向的，就是理解自然这个完整的、几何学意义上的演绎系统，斯宾诺莎在其《伦理学》（Ethics）一书中呈现了这个理解。非个人的东西就是得以恰当理解的个人的东西。戈德斯坦并不同意这一点，她提出理解斯宾诺莎及其哲学的一个途径，尽管他不会容忍这种方式，但这样做会使得斯宾诺莎让人非常心动。

后，知识就成为一个首要的研究对象，我的意思是说尽管知识发生于世界之中，但知识优先于这个世界而成为研究对象，并且它也先于之为认识者的人的研究。然而没有人会在意是否接受那个方法论，除非他们已然相信知识很重要，或者如果不是知识的话，就是其他某个理智状态。

在我看来，正是因为我们如此关心知识的缘故，我们才会通过任何我们所喜爱的方法，来关心对知识的研究。笛卡尔挑战了整个哲学，原因是他提出了新的探究事物的方法，哲学家也始终精心地关注这个方法。具有讽刺意味的是，历史上一直得以重视的、被置于其他对象之上的那种知识，在这些自然主义时代中实际上没有得到任何关注，但是值得怀疑的是，如果不是出于对那种遭到忽略的知识的渴望，知识论是否还会逐渐演变成哲学的核心。

延伸阅读

最近德性知识论研究中重新出现有关认识价值的兴趣。对这个问题的概观，可参见普里查德的《认识价值的新近研究》（*Recent Work on Epistemic Value*）［American Philosophical Quarterly 44（2007, 85-110）］，以及里格斯的《知识论中的价值转向》（*The Value Turn in Epistemology*），该文发表于亨德里克斯（Vincent Hendricks）与普里查德主编的《知识论新思潮》（*New Waves in Epistemology*）（Palgrave Macmillan, 2008）。有一本对各种知识价值做出卓越讨论的书，就是阿尔斯通的《超越"确证"：认识评价的多个维度》（*Beyond "Justification"：Dimensions of Epistemic Evaluation*）（Ithaca, NY：Cornell University Press, 2006）。夏培尔（Timothy Chappell）的《价值与德性：当代伦理学中的亚里士多德主义》（*Values and Virtues：Aristotelianism in Contemporary Ethics*）（Oxford：Oxford University Press, 2006）收入了有关价值的一些非常有意思的论文。对认识规范性的论题感兴趣的学生，可能想读几篇收录在斯杜普主编的论文集《知识、真理与责任：论认识确证、责任与德性》（*Knowledge, Truth, and Duty：Essays on Epistemic Justification, Responsibility, and Virtue*）（Oxford：Oxford University Press, 2001）中的论文。更多高年级学生可能会想看看卡凡

维格对理解所做的出色论述，可以看他的《知识的价值与理解的寻求》（*The Value of Knowledge and the Pursuit of Understanding*）（Cambridge：Cambridge University Press，2003）一书中的最后一章"知识与理解"。对知识论话语最新趋势感兴趣的学生，可以参阅海瑟林顿的《知识论未来》（*Epistemology Futures*）（Oxford：Oxford University Press，2006）。

参考文献

Aikin, Scott (2005), "Who's afraid of epistemology's regress problem?" *153*
Philosophical Studies, 126: 2.

Allison, S. T., Mackie, D. M., Muller, M. M., and Worth, L. T. (1993),
"Sequential correspondence biases and perceptions of change: The Castro stud-
ies revisited," Personality and Social Psychology Bulletin 19, 151−157.

Alston, William P. (1991), Perceiving God: the epistemology of reli-
gious experience (Ithaca, NY: Cornell University Press).

Ambrose, Alice (1989), "Moore and Wittgenstein as teachers," Teach-
ing Philosophy 12, 107−108.

Anscombe, G. E. M. (1981), The collected philosophical papers of
G. E. M. Anscombe, 3 vols. (Minneapolis: University of Minnesota Press).

Aquinas, Thomas and Oesterle, John A. (1983), Treatise on happiness
(Notre Dame, IN: University of Notre Dame Press).

Aristocles and Chiesara, Maria Lorenza (2001), Aristocles of Messene:
testimonia and fragments (Oxford; New York: Oxford University Press).

Augustine, Mourant, John A. and Collinge, William J. (1992), Four anti-
Pelagian writings (Washington, DC: Catholic University of America Press).

Axtell, Guy (2000), Knowledge, belief, and character: readings in vir-
tue epistemology (Lanham, MD: Rowman & Littlefield).

Bell, B. E. and Loftus, Elizabeth F. (1989), "Trivial persuasion in the
courtroom: The power of (a few) minor details," Journal of Personality and
Social Psychology 56, 669−679.

154   Benson, Hugh H. (2000), Socratic wisdom: the model of knowledge in Plato's early dialogues (New York: Oxford University Press).

Blackburn, Simon (2005), Truth: a guide (Oxford; New York: Oxford University Press).

Block, J. and Funder, D. C. (1986), "Social roles and social perception: Individual differences in attribution and error." Journal of Personality and Social Psychology 51, 1200-1207.

Boghossian, Paul (1997), "What the externalist can know a priori," Proceedings of the Aristotelian Society 97, 161-175.

BonJour, Laurence (1976), "The coherence theory of empirical knowledge," Philosophical Studies 30, 281-312.

—— (1978), "Can empirical knowledge have a foundation?" American Philosophical Quarterly 15: 1, 1-13.

—— (1985), The structure of empirical knowledge (Cambridge, MA: Harvard University Press).

BonJour, Laurence and Sosa, Ernest (2003), Epistemic justification: internalism vs. externalism, foundations vs. virtues (Malden, MA: Blackwell).

Bouwsma, O. K. (1965), Philosophical essays (Lincoln: University of Nebraska Press).

Bregman, N. J. and McAllister, H. A. (1982), "Eyewitness testimony: The role of commitment in increasing reliability," Social Psychology Quarterly 45, 181-184.

Brueckner, Anthony (1992), "Semantic answers to skepticism," Pacific Philosophical Quarterly 73, 200-219.

Buckhout, Robert (1974), "Eyewitness testimony," Scientific American December, 23-31.

Burge, Tyler (1979), "Individualism and the mental," Midwest Studies in Philosophy IV, 73-121.

—— (1988), "Individualism and self-knowledge," Journal of Philosophy 85, 649-663.

Chappell, Timothy (2006), Values and virtues: Aristotelianism in contemporary ethics (Oxford; New York: Oxford University Press).

Chisholm, Roderick M. (1964), Theory of knowledge (Englewood Cliffs, NJ: Prentice Hall).

—— (1977), Theory of knowledge (2nd ed.; Englewood Cliffs, NJ: Prentice Hall).

—— (1982), The foundations of knowing (Minneapolis: University of Minnesota Press).

Churchland, Paul M. (1988), Matter and consciousness: a contemporary introduction to the philosophy of mind (Cambridge, MA: MIT Press).

Clifford, William Kingdon, Stephen, Leslie, and Pollock, Frederick *155* (1901), Lectures and essays by the late William Kingdon Clifford, F. R. S (London; New York: Macmillan).

Cutler, Brian L. and Penrod, Steven (1995), Mistaken identification: the eyewitness, psychology, and the law (Cambridge; New York: Cambridge University Press).

Dennett, Daniel (1987), The intentional stance (Cambridge, MA: MIT Press).

DePaul, Michael (1993), Balance and refinement: beyond coherence methods of moral inquiry (London; New York: Routledge).

—— (2001a), Resurrecting old – fashioned foundationalism (Lanham, MD: Rowman & Littlefield).

—— (2001b), "Value monism in epistemology," in Matthias Steup (ed.), Knowledge, truth, and duty: essays on epistemic justification, virtue, and responsibility (Oxford; New York: Oxford University Press).

DePaul, Michael and Zagzebski, Linda (2003), Intellectual virtue: perspectives from ethics and epistemology (Oxford: Clarendon Press).

DeRose, Keith (1995), "Solving the skeptical problem," Philosophical Review 104: 1, 1−52.

DeRose, Keith and Warfield, Ted A. (1999), Skepticism: a contemporary reader (New York: Oxford University Press).

Descartes, René (1984), The philosophical writings of Descartes, 3 vols. (Cambridge; New York: Cambridge University Press).

Dewey, John (1933), How we think, a restatement of the relation of reflective thinking to the educative process (Boston; New York: D. C. Heath and Company).

Dretske, Fred (1970), "Epistemic operators," Journal of Philosophy 67, 1007−1023.

—— (1971), "Conclusive reasons," Australasian Journal of Philosophy 49, 1−22.

—— (1995), Naturalizing the mind (Cambridge, MA: MIT Press).

Emerson, Ralph Waldo and Mumford, Lewis (1968), Essays and journals (Garden City, NY: International Collectors Library).

Fairweather, Abrol and Zagzebski, Linda (2001), Virtue epistemology: essays on epistemic virtue and responsibility (Oxford; New York: Oxford University Press).

Fantl, Jeremy (2003), "Modest infinitism," Canadian Journal of Philosophy 33: 4.

Feldman, Richard (2003), Epistemology (Upper Saddle River, NJ: Prentice Hall).

Fine, Gail (1990), "Knowledge and belief in Republic v-vii," in Stephen Everson (ed.), Epistemology (Companions to Ancient Thought: 1) (Cambridge: Cambridge University Press), 85−115.

Foley, Richard (2001), Intellectual trust in oneself and others (Cambridge; New York: Cambridge University Press).

Frankfurt, Harry G. (2005), On bullshit (Princeton, NJ: Princeton University Press).

Fricker, Elizabeth (2006), "Testimony and epistemic autonomy," in Jennifer Lackey and Ernest Sosa (eds.), The epistemology of testimony (Oxford: Clarendon Press).

Fricker, Miranda (2007), Epistemic injustice: power and the ethics of knowing (Oxford; New York: Oxford University Press).

Fumerton, Richard (2001), "Classical foundationalism," in Michael DePaul (ed.), Resurrecting old-fashioned foundationalism (Lanham, MD: Rowman & Littlefield), 3−20.

Gettier, Edmund L. (1963), "Is justified true belief knowledge?" Analysis 23, 121−123.

Goldman, Alvin I. (1979), "What is justified belief?" in George S. Pappas (ed.), Justification and knowledge: new studies in epistemology (Boston: D. Reidel), 1−23.

Goldstein, Rebecca (2006), Betraying Spinoza: the renegade Jew who gave us modernity (New York: Nextbook: Schocken).

Greco, John (1999), "Agent reliabilism," Philosophical Perspectives 13, 273−296.

—— (2003), "Knowledge as credit for true belief," in Michael DePaul and Linda Zagzebski (eds.), Intellectual virtue (Oxford: Oxford University Press).

—— (2004), Ernest Sosa and his critics (Malden, MA: Blackwell).

Grimm, Stephen R. (2005), "Understanding as an epistemic goal," Dissertation (University of Notre Dame).

—— (2006), "Is understanding a species of knowledge?" British Journal for the Philosophy of Science 57, 515−535.

Haack, Susan (1993), Evidence and inquiry: towards reconstruction in epistemology (Oxford; Cambridge: Blackwell).

Hawthorne, John (2004), Knowledge and lotteries (Oxford; New York: Oxford University Press).

Heil, John (1988), "Privileged access," Mind 97, 238−251.

Hetherington, Stephen Cade (2001), Good knowledge, bad knowledge: on two dogmas of epistemology (Oxford; New York: Oxford University Press).

—— (2006), Epistemology futures (Oxford; New York: Oxford University Press).

—— (2007), Self-knowledge: beginning philosophy right here and now (Orchard Park, NY: Broadview Press).

157   Hopkins, Robert (2007), "What is wrong with moral testimony," Philosophy & Phenomenological Research 74: 3, 611-634.

Howard – Snyder, Daniel and Frances and Feit, Neil (2003), "Infallibilism and Gettier's legacy," Philosophy & Phenomenological Research 66: 2, 304-327.

James, William (1979), The will to believe and other essays in popular philosophy (Cambridge, MA: Harvard University Press).

Jones, Karen (1999), "Second – hand moral knowledge," Journal of Philosophy 96: 2, 55-78.

Kahneman, Daniel and Tversky, Amos (1979), "Intuitive prediction: Biases and corrective procedures," Management Science 12, 313-327.

Klein, Peter D. (1976), "Knowledge, causality, and defeasibility," Journal of Philosophy 73, 792-812.

—— (1999), "Human knowledge and the infinite regress of reasons," Philosophical Perspectives 13, 297-325.

—— (2000), "The failures of dogmatism and a new Pyrrhonism," Acta Analytica: Philosophy and Psychology 15: 24, 7-24.

Kornblith, Hilary (1993), "Epistemic normativity," Synthese 94, 357-376.

Kripke, Saul A. (1980), Naming and necessity (Cambridge, MA: Harvard University Press).

Kvanvig, Jonathan L. (2003), The value of knowledge and the pursuit of understanding (Cambridge; New York: Cambridge University Press).

Lackey, Jennifer and Sosa, Ernest (2006), The epistemology of testimony (Oxford; New York: Oxford University Press).

Lehrer, Keith (1965), "Knowledge, truth and evidence," Analysis 25, 168-175.

—— (2000), Theory of knowledge (2nd ed. ; Boulder, CO: Westview Press).

Lehrer, Keith and Paxson, Jr. , Thomas (1969), "Knowledge: Undefeated justified true belief," Journal of Philosophy 66: 8, 225−237.

Lewis, David (1996), "Elusive knowledge," Australasian Journal of Philosophy 74, 549−567.

Loftus, Elizabeth F. (1996), Eyewitness testimony (Cambridge, MA: Harvard University Press).

Lycan, William G. (2006), "On the Gettier problem problem," in Stephen Cade Hetherington (ed.), Epistemology futures (Oxford; New York: Oxford University Press).

Lynch, Michael P. (2004), True to life: why truth matters (Cambridge, MA: MIT Press).

—— (forthcoming), "The values of truth and the truth of values," in A. Haddock, A. Millar, and D. H. Pritchard (eds.), Epistemic value (Oxford: Oxford University Press).

McEwan, Ian (2002), Atonement: a novel (1st ed. ; New York: *158* N. A. Talese/ Doubleday).

McGrew, Timothy J. (1995), The foundations of knowledge (Lanham, MD: Littlefield Adams Books).

McGrew, Timothy J. and McGrew, Lydia (2006), Internalism and epistemology: the architecture of reason (London; New York: Routledge).

McKinsey, Michael (1991), "Anti-individualism and privileged access," Analysis 51, 9−16.

McLaughlin, Brian and Tye, Michael (1998), "Is content − externalism compatible with privileged access?" Philosophical Review 107: 3, 349−380.

Montaigne, Michel de (1958), Complete essays (Stanford: Stanford University Press).

Moore, G. E. (1959), Philosophical papers (London; New York: Macmillan).

Moravcsik, Julius (1979), "Understanding and knowledge in Plato's philosophy," Neue Hefte fur Philosophie 15/16, 53-69.

Myers, David G. (2005), Social psychology (8th ed. ; Boston: McGraw-Hill).

Nagel, Thomas (1986), The view from nowhere (New York: Oxford University Press).

Nozick, Robert (1981), Philosophical explanations (Cambridge, MA: Harvard University Press).

Pappas, George Sotiros and Swain, Marshall (1978), Essays on knowledge and justification (Ithaca, NY: Cornell University Press).

Peirce, Charles (1868), "Some consequences of four incapacities," Journal of Speculative Philosophy 2, 140-157.

Pieper, Josef (1998), Happiness and contemplation (South Bend, IN: St. Augustine's Press).

Plantinga, Alvin (1984), "Advice to Christian philosophers," Faith and Philosophy 1, 3.

—— (1993), Warrant and proper function (New York: Oxford University Press).

—— (2000), Warranted Christian belief (New York: Oxford University Press).

Plantinga, Alvin and Wolterstorff, Nicholas (1983), Faith and rationality: reason and belief in God (Notre Dame: University of Notre Dame Press).

Plato, Cooper, John M., and Hutchinson, D. S. (1997), Complete works (Indianapolis, IN: Hackett).

Pojman, Louis P. (2002), The theory of knowledge: classical and contemporary readings (3rd ed. ; Belmont, CA: Wadsworth).

Pollock, John (2001), "Nondoxastic foundationalism," in Michael De-Paul (ed.), Resurrecting old - fashioned foundationalism (Lanham, MD: Rowman & Littlefield), 41-57.

Pritchard, Duncan (2005), Epistemic luck (New York: Oxford University Press).

—— (2007), "Recent work on epistemic value," American Philosophical Quarterly 44, 85−110.

Putnam, Hilary (1975), Philosophical papers 2 (London; New York: Cambridge University Press).

—— (1981), Reason, truth, and history (Cambridge; New York: Cambridge University Press).

Quine, W. V. (1969), Ontological relativity, and other essays (New York: Columbia University Press).

Riggs, Wayne (1998), "What are the 'chances' of being justified?" Monist 81: 3.

—— (2003), "Understanding 'virtue' and the virtue of understanding," in Michael DePaul and Linda Zagzebski (eds.), Intellectual virtue: perspectives from ethics and epistemology (Oxford; New York: Oxford University Press), 203−226.

—— (2007), "Why epistemologists are so down on their luck," Synthese 158: 3, 329−344.

Roberts, Robert and Wood, W. Jay (2007), Intellectual virtues: an essay in regulative epistemology (Oxford; New York: Oxford University Press).

Rorty, Richard (1979), Philosophy and the mirror of nature (Princeton: Princeton University Press).

Ross, Lee (1977), "The intuitive psychologist and his shortcomings: Distortions in the attribution process," in L. Berkowitz (ed.), Advances in experimental social psychology (New York: Academic Press).

Ross, Lee and Anderson, Craig A. (1982), "Shortcomings in the attribution process: On the origins and maintenance of erroneous social assessments," in P. Slovic, D. Kahneman, and A. Tversky (eds.), Judgment under uncertainty: heuristics and biases (New York: Cambridge University Press).

Sartwell, Crispin (1992), "Why knowledge is merely true belief," Journal of Philosophy 89, 167−180.

Sosa, Ernest (1974), "How do you know?" American Philosophical Quarterly 11, 113−122.

—— (1991), Knowledge in perspective (New York: Cambridge University Press).

—— (1994a), "Philosophical scepticism, I," Aristotelian Society 68, 263−290.

160 —— (1994b), "Virtue perspectivism: A response to Foley and Fumerton," Philosophical Issues 5, 29−50.

—— (1997), "Reflective knowledge in the best circles," Journal of Philosophy 94: 8, 410−430.

—— (2000), "Skepticism and contextualism," Philosophical Issues 10, 1−18.

—— (2001), "For the love of truth?" in Abrol Fairweather and Linda Zagzebski (eds.), Virtue epistemology: essays on epistemic virtue and responsibility (Oxford; New York: Oxford University Press), 29−62.

—— (2003), "The place of truth in epistemology," in Michael DePaul and Linda Zagzebski (eds.), Intellectual virtue (Oxford: Oxford University Press).

—— (2007), A virtue epistemology: apt belief and reflective knowledge (Oxford; New York: Oxford University Press).

Steup, Matthias (2001), Knowledge, truth, and duty: essays on epistemic justification, responsibility, and virtue (Oxford; New York: Oxford University Press).

Stich, Stephen P. (1983), From folk psychology to cognitive science: the case against belief (Cambridge, MA: MIT Press).

—— (1990), The fragmentation of reason: preface to a pragmatic theory of cognitive evaluation (Cambridge, MA: MIT Press).

Stroud, Barry (1994), "Philosophical scepticism, II," Aristotelian Society 68, 291−307.

—— (2004), "Perceptual knowledge and epistemological satisfaction," in John Greco (ed.), Ernest Sosa and his critics (Malden, MA: Blackwell), 165−173.

Swain, Marshall (1978), "Epistemic defeasibility," in George Sotiros Pappas and Marshall Swain (eds.), Essays on knowledge and justification (Ithaca, NY: Cornell University Press).

Thagard, Paul (2000), Coherence in thought and action (Cambridge, MA: MIT Press).

Tye, Michael (1995), Ten problems of consciousness: a representational theory of the phenomenal mind (Cambridge, MA: MIT Press).

van Inwagen, Peter (2000), "Free will remains a mystery: The eighth philosophical perspectives lecture," Philosophical Perspectives 14, 1−19.

Walsh, W. H. (1965), "Moral authority and moral choice," Proceedings of the Aristotelian Society 65, 1−24.

Wells, G. L., Ferguson, T. J., and Lindsay, R. C. L. (1981), "The tractability of eyewitness confidence and its implications for triers of fact," Journal of Applied Psychology 66, 688−696.

Wells, G. L. and Leippe, M. R. (1981), "How do triers of fact enter the *161* accuracy of eyewitness identification? Memory for peripheral detail can be misleading," Journal of Applied Psychology 66, 682−687.

Williams, Bernard Arthur Owen (1978), Descartes: the project of pure enquiry (Atlantic Highlands, NJ: Humanities Press).

—— (1981), Moral luck: philosophical papers, 1973—1980 (Cambridge; New York: Cambridge University Press).

Williams, Michael (1991), Unnatural doubts: epistemological realism and the basis of scepticism (Oxford; Cambridge: Blackwell).

Williamson, Timothy (2000), Knowledge and its limits (Oxford; New York: Oxford University Press).

Woodruff, Paul (1990), "Plato's early theory of knowledge," in Stephen Everson (ed.), Epistemology (Companions to Ancient Thought: 1) (Cambridge：Cambridge University Press），60－84.

Zagzebski，Linda（1994），"The inescapability of Gettier problems，" Philosophical Quarterly 44，65－73. Reprinted in Ernest Sosa，Jaegwon Kim，Jeremy Fantl，and Matthew McGrath（eds.），Epistemology：an anthology（2nd ed.；Wiley－Blackwell，2008）.

—— （1996），Virtues of the mind：an inquiry into the nature of virtue and the ethical foundations of knowledge（New York：Cambridge University Press）.

—— （2000），"From reliabilism to virtue epistemology，" in Guy Axtell（ed.），Knowledge，belief and character：readings in virtue epistemology（Lanham，MD：Rowman & Littlefield）.

—— （2003a），"Epistemic trust，" Philosophy in the Contemporary World 10，113－117.

—— （2003b），"The search for the source of epistemic good，" Metaphilosophy 34，12－28.

—— （2004a），Divine motivation theory（Cambridge；New York：Cambridge University Press）.

—— （2004b），"Epistemic value and the primacy of what we care about，" Philosophical Papers 33，353－376.

—— （2006a），"Self－trust and the diversity of religions，" Philosophic Exchange 36.

—— （2006b），"The admirable life and the desirable life，" in Timothy Chappell（ed.），Values and virtues（Oxford；New York：Oxford University Press）.

—— （2007），"Ethical and epistemic egoism and the ideal of autonomy，" Episteme：A Journal of Social Epistemology 4：3，252－263.

译后记

　　《认识的价值与我们所在意的东西》（原书名《知识论》）这本书出版于 2008 年，我第一次见到这本书应该是 2011 年前后，在第一次读完这本书之后，留下了非常深刻的印象，这个印象主要集中在琳达·扎格泽博斯基以简洁、清晰的方式讨论当代知识论的主要论题，并一以贯之地坚持其知识理论中的伦理学立场，这个立场在她之前的《心智的德性》（Virtues of The Mind）一书中就得以系统呈现。正是这一点显得它与其他知识论导论性著作有些不一样。

　　2012 年秋季，我开始给浙江师范大学哲学专业硕士研究生开设"当代知识论研究"与"哲学专业英语"两门课程，经过认真考虑之后，将这本书列为课程的参考书之一，并选取其中不同章节的内容作为知识论导论、知识论中的伦理学、怀疑主义等专题的阅读材料。在讲课过程中徐婧超、王斯诗、陈超超、吴鄂楠、景玉祥、任伟伟等同学积极参与讨论，并翻译了部分章节。这本书译稿的初稿完成于 2015 年底，因为始终没有合适的机会出版，便一直放在那里，没有做进一步的整理和校对工作。大约是 2016 年上半年，获悉陈嘉明教授与曹剑波教授在中国人民大学出版社策划一套"知识论译丛"，经他们审阅主要内容之后，这本书被列入丛书之中。与此同时，因为还涉及出版费用问题，在征求郑祥福教授意见之后，他同意由学科来资助出版这本书。

　　与琳达真正相识是在 2012 年 6 月的 Calvin College，她应邀在"Values and Virtues"讨论班上做专题讲座，同年 11 月在北京大学"Creating Character"学术会议期间再次相逢。琳达在本书翻译与校对过程中给予非常多的帮助，无论我们所提出的问题是需要她澄清还是需要她做进一步的解释，她都会以极高的效率，尽可能细致地回复我们，几乎从不让我们等待。针对我们所提出的某些问题，为了能够更加准确地做出解释，或者进行更为恰当的译文表达，她甚至将俄克拉何马大学哲学系从事中国哲学研究的 G. P. 奥伯丁（Garret P. Olberding）教授介绍给我们，让我们与他直接联系。而更关键的是，在出版社购买本书的版权碰到问题时，琳达亲自与该书原来的责任编辑以及出版商沟通、协调，及时解决了版权转让这个大问题。为了让读者能够更好地理解这本书的前后，我请琳达为这个中文版写篇序言，尽管她的研究工作很忙，但她还是毫不犹豫地爽快答应了。这篇序言使得该书的中文版显得更加完整，也让读者更全面地了解她所研究的领域以及她的理论形成过程。在此，向琳达致以最深切的谢意。

在本书出版与编辑过程中，中国人民大学出版社杨宗元、吴冰华等老师给予很多帮助，尤其是吴老师细致、专业的编校工作，既使得译稿避免错漏之处，也让译稿中诸多表达更加到位，为译稿增色不少。当然，译稿由我翻译，因为专业水平、表达习惯、语词理解等方面的缘故，定然还存在很多文字、语言、语意等方面的问题，所有错误与不当之责任皆由我来承担，敬请读者批评指正。

方环非
谨识于文萃新村至善楼
2019 年 4 月 12 日

知识论译丛

主编　陈嘉明　曹剑波

判断与能动性

［美］厄内斯特·索萨（Ernest Sosa）/著　方红庆/译

认识的价值与我们所在意的东西

［美］琳达·扎格泽博斯基（Linda Zagzebski）/著　方环非/译

含混性

［英］蒂莫西·威廉姆森（Timothy Williamson）/著　苏庆辉/译

社会建构主义与科学哲学

［美］安德烈·库克拉（André Kukla）/著　方环非/译

知识论的未来

［澳大利亚］斯蒂芬·海瑟林顿（Stephen Hetherington）/著　方环非/译

当代知识论导论

［美］阿尔文·戈德曼（Alvin Goldman）

［美］马修·麦克格雷斯（Matthew McGrath）/著　方环非/译

知识论

［美］理查德·费尔德曼（Richard Feldman）/著　文学平/译

图书在版编目（CIP）数据

认识的价值与我们所在意的东西/（美）琳达·扎格泽博斯基（Linda Zagzebski）
著；方环非译. —北京：中国人民大学出版社，2019.5
（知识论译丛/陈嘉明，曹剑波主编）
ISBN 978-7-300-26942-9

Ⅰ.①认… Ⅱ.①琳… ②方… Ⅲ.①知识论-研究 Ⅳ.①G302

中国版本图书馆 CIP 数据核字（2019）第 080031 号

知识论译丛
主编 陈嘉明 曹剑波
认识的价值与我们所在意的东西
［美］扎格泽博斯基（Linda Zagzebski） 著
方环非 译
RENSHI DE JIAZHI YU WOMEN SUO ZAIYI DE DONGXI

出版发行	中国人民大学出版社	
社　址	北京中关村大街 31 号	邮政编码　100080
电　话	010－62511242（总编室）	010－62511770（质管部）
	010－82501766（邮购部）	010－62514148（门市部）
	010－62515195（发行公司）	010－62515275（盗版举报）
网　址	http://www.crup.com.cn	
	http://www.ttrnet.com（人大教研网）	
经　销	新华书店	
印　刷	北京联兴盛业印刷股份有限公司	
规　格	160 mm×230 mm　16 开本	版　次　2019 年 5 月第 1 版
印　张	11.75 插页 2	印　次　2019 年 5 月第 1 次印刷
字　数	172 000	定　价　48.00 元